青少年科普活动策划与实施

葛璟璐 著

南京出版传媒集团 南京出版社

图书在版编目（CIP）数据

青少年科普活动策划与实施 / 葛璟璐著. -- 南京：南京出版社, 2024.6

ISBN 978-7-5533-4626-7

Ⅰ. ①青… Ⅱ. ①葛… Ⅲ. ①青少年－科学技术－普及教育－研究－中国 Ⅳ. ①N4

中国国家版本馆CIP数据核字（2024）第030603号

书　　名：青少年科普活动策划与实施
作　　者：葛璟璐
策　　划：孙前超
出版发行：南京出版传媒集团
南 京 出 版 社
社址：南京市太平门街53号　　邮编：210016
网址：http://www.njcbs.cn　　电子信箱：njcbs1988@163.com
联系电话：025-83283893、83283864（营销）　025-83112257（编务）

出 版 人：项晓宁
出 品 人：卢海鸣
责任编辑：冯展君
特约编辑：刘国颖
装帧设计：俞　朋
责任印制：杨福彬

印　　刷：江苏凤凰通达印刷有限公司
开　　本：787毫米×1092毫米　1/16
印　　张：12.75
字　　数：163千
版　　次：2024年6月第1版
印　　次：2024年6月第1次印刷
书　　号：ISBN 978-7-5533-4626-7
定　　价：48.00元

用微信或京东APP扫码购书

用淘宝APP扫码购书

序　言

FOREWORD

为孩子们插上科学的翅膀

近些年，我参加了由江苏省科协下属的江苏省科学传播中心领导并主办的一些青少年科普活动，例如江苏省中小学生金钥匙科技竞赛、江苏省全民科学素质大赛、青少年“诗词里的科学”网络知识挑战赛、“童手里的创造”科学家精神分享会等。这些具有强烈独创性质的青少年科普实践，无论是活动的组织策划，还是现场的宣传调动，都给我留下了极其深刻的印象。

我参加璟璐领衔组织的青少年科普活动已超过10年，每次参加他们组织的青少年科普活动，几乎都在周末，可见他们在每个工作日和休息日都付出了很多心血。我深深地被她和她的团队长期以来对青少年科普工作的热情和执着感动。面向青少年的科普工作，没有先例可查，没有老路可走，那一点点、一滴滴的实践，都是璟璐及其团队冥思苦想、不断实践，实打实地干出来的。我想，如果不是打心底里热爱这项利于千秋万代的事业，全身心地扑在科普事业上，是万万不能十年如一日地坚守的。这不仅是对伟大事业的一份实实在在的追求，更是“为孩子们插上科学的翅膀”而做的沉甸甸的贡献，它本身就体现了一种难能可贵的科学精神。

给我印象最深的是璟璐及其团队对经济薄弱地区的孩子、对普通学校十分偏爱，他们总是在琢磨怎么让那些从未出过乡镇大门的青少年站在聚光灯下，享受与城市孩子一样的科学时光。我问过个中原因，璟璐真切地告诉我，许多年前的一次科普大篷车校园行活动，他们走进了徐州铜山的一所乡镇小学。早上，天蒙蒙亮，他们如往常一样在广场上准备实验道具，而学校广播站在测试当天活动启动仪式的背景音乐。突然，国歌声响起，他们猛抬起头，看到原本零零散散、无序奔跑的孩子们一个个自觉地停下了脚步，放下了肩上的书包，向着国旗的方向立正，或是行队礼，或是行注目礼。那一幕他们至今都无法用语言来形容。我想，这正是执着并热衷于经济文化弱势地区的科普教育这颗种子在璟璐他们心中生根发芽的开始。

我曾亲历独具创意的青少年“诗词里的科学”网络知识挑战赛活动在南京阅江楼美丽的月圆之夜成功举办的盛况。活动中，一个个稚嫩的求学儿童，边诵读经典诗词，边讲述其中的科学知识。我曾听到苏北农村儿童在“童手里的创造”科学家精神分享会上，用有点儿生涩但最纯真的声音唱出最响亮的《歌唱祖国》。我曾感受到参加江苏省中小学生金钥匙科技竞赛的科学少年们对科学知识的迫切渴求。参会的科学少年如追星般围绕在科学家身边，他们那一双双明亮而纯真的眼睛闪烁着难以磨灭的求知光芒。璟璐及其团队希望通过自身的努力，吸引越来越多的人关注和投身于青少年科普事业，帮助青少年在成长的大道上走得越来越健康、越来越自强不息。这种殷切期望，在这本书中表露无遗。

习近平总书记强调，要在教育“双减”中激发青少年的好奇心、想象力、探求欲，培育具备科学家潜质、愿意献身科学研究事业的青少年群体。在青少年群体中开展丰富多彩的科普活动，已被纳入国务院印发的《全民科学素质行动规划纲要（2021—2035年）》主要行动中，以提高科普工作者的科学素养和技能，培育中小学生的创新精神和实践能力，推进科学教育事业向前发展。

江苏省科学传播中心是江苏省科协直属事业单位，专业从事科普出版与传播工作。自2018年成立以来，江苏省科学传播中心始终以省级一流科普专业团队标准开展了大量青少年科普实践。在中心领导的指挥与大力帮助下，璟璐及其团队组织的活动和主编的图书受众广泛、社会关注度高，获得过不少奖项，但他们从未沾沾自喜，最令他们欣喜的还是听到参与活动的学生在成长过程中因创造性的劳动而不断取得的好成绩。当看到公众关注的科技少年或各地发布的科技喜报时，他们都会翻查这个少年或这个地区的学校参加过哪些科普活动。每当查到有自己团队组织的活动时，他们都会由衷地感到骄傲和自豪。我想，这也许正是他们夜以继日忘我工作的不竭动力。

最近，我高兴地得知璟璐要写一本书——《青少年科普活动策划与实施》（即本书），并收到她约我写序的邀请。我未加思索，欣然应允。本书在设计之初进行了广泛调研。从全国范围来看，类似主题的出版物品种较少，在售的更是少之又少，比较权威的是中国科学技术出版社出版的《科普活动概论》；此外，《青少年科普活动经典案例》

《青少年科技创新三十六计》等亦有涉及。可惜的是，以上图书都在2021年前出版，无法有针对性地贯彻与解读国家层面近几年对青少年科普活动开展具有里程碑指导意义的文件。

同时，广大科普工作者，特别是学校科技辅导员，在日常开展各类青少年科普活动过程中，常因对政策理解不足、组织经费有限、参与人手较少等而自我降低活动要求，使活动效果大打折扣。科普活动组织者的态度对青少年科学素质的提升起到了关键作用，唯有新颖、务实、持续、有效的活动，才能激发起广大青少年对科学的热爱。

本书从科技周、科技工作者日、科普日、科技节等全年重大科普活动出发，通过“如何撰写活动方案”“如何整合社会资源”“如何创新活动实践”“如何做好绩效评价”4个篇章，对青少年科普活动从策划到实施的过程进行详细介绍，让读者在创新实践中得到启发与帮助。本书是长期开展青少年科普活动的独创经验积累，为如何把科学教育真正落到实处、引发社会对科学教育的关注提供切实可行的建议。这是一本为广大科普工作者策划活动所写的难得的手边书。

“科技自立自强，童手创造未来。”青少年是国家的未来、民族的希望。衷心希望通过一代又一代科普人的努力，在全社会营造出尊重科学、崇尚创新的良好氛围。为此，也衷心希望有更多的人能像璟璐及其团队的老师那样，为我们的孩子插上科学的翅膀而竭尽全力。

谨为之序。

戎嘉余

CONTENTS

目　录

第一篇

如何撰写活动方案

01 “指导思想”的撰写是活动方案的灵魂

02 活动内容是方案中最亮眼的部分

03 活动保障对活动效果起到了关键作用

04 活动的步骤和过程再详细也不过分

ONE

科普活动设计应包括指导思想（活动背景）、活动主题、活动对象、活动目标、活动内容、活动保障、活动过程及步骤、活动效果监测等八个部分。同时，2023 年 11 月，国家市场监督管理总局（国家标准化管理委员会）批准发布了《线下科普活动基本要求》，进一步对线下科普活动提出了普适性的基本要求。

01

“指导思想”的撰写是活动方案的灵魂

当接到撰写活动方案的任务时，第一件事情，就是弄明白这个活动开展的目的是什么，它的核心要求是什么。例如，要求设计一个科学家进校园的科普讲座活动，那么，可以快速分析其中的核心元素：本次科普活动的实施者是科学家，受众是青少年群体，开展的地点是校园。这里面哪一个是最关键的元素？当然是科学家。这个时候，活动方案的“指导思想”就显而易见了——弘扬科学家精神。

参考内容

当科学家是无数中国孩子的梦想，我们要让科技工作成为富有吸引力的工作、成为孩子们尊崇向往的职业，给孩子们的梦想插上科技的翅膀，让未来祖国的科技天地群英荟萃，让未来科学的浩瀚星空群星闪耀！

——摘自习近平总书记 2018 年 5 月在中国科学院第十九次院士大会、中国工程院第十四次院士大会上的讲话大力弘扬胸怀祖国、服务人民的爱国精神。

大力弘扬勇攀高峰、敢为人先的创新精神。

大力弘扬追求真理、严谨治学的求实精神。

大力弘扬淡泊名利、潜心研究的奉献精神。

大力弘扬集智攻关、团结协作的协同精神。

大力弘扬甘为人梯、奖掖后学的育人精神。

——摘自中共中央办公厅、国务院办公厅2019年6月《关于进一步弘扬科学家精神加强作风和学风建设的意见》

科学家精神是科技工作者在长期科学实践中积累的宝贵精神财富。新中国成立以来，广大科技工作者在祖国大地上树立起一座座科技创新的丰碑，也铸就了独特的精神气质。

科学无国界，科学家有祖国。

好奇心是人的天性，对科学兴趣的引导和培养要从娃娃抓起，使他们更多了解科学知识，掌握科学方法，形成一大批具备科学家潜质的青少年群体。

——摘自习近平总书记2020年9月在科学家座谈会上的讲话

如果要求在某个区域开展一个科学节（科学嘉年华、科学博览会）活动呢？同样，找到方案的核心元素：主题是科学，受众是青少年及其家庭、科技工作者等，地点可能是某个学校，或是科技馆，又或是当地大型展览点。此时，指导背景就是“大科普”的概念了，不应该局限在单一方面。

参考内容

科技创新、科学普及是实现创新发展的两翼，要把科学普及放在与科技创新同等重要的位置。没有全民科学素质普遍提高，就难以建立起宏大的高素质创新大军，难以实现科技成果快速转化。

——摘自习近平总书记2016年5月在全国科技创新大会、两院院士大会、中国科协第九次全国代表大会上的讲话

要加强国家科普能力建设，深入实施全民科学素质提升行动，线上线下多渠道传播科学知识、展示科技成就，树立热爱科学、崇尚科学的社会风尚。要在教育"双减"中做好科学教育加法，激发青少年好奇心、想象力、探求欲，培育具备科学家潜质、愿意献身科学研究事业的青少年群体。

——摘自习近平总书记2023年2月在中共中央政治局第三次集体学习上的讲话

科学普及要与科技创新同频共振。科技资源以及科技创新成果是科普的源头活水，将其转化为科普内容，有助于为公众提供优质的科学养料，还可以促进公众对前沿科技成果的理解与认知。

——摘自《经济日报》2022年11月刊发的《推动科普科创两翼齐飞》

除此以外，科普活动设计还会关注到某一个青少年品牌活动、科技辅导员科普培训，或是延伸至科技工作者宣传活动。对于所有的科普活动，几乎完全可以从国家层面关于青少年科普教育的相关文件中找到"指导思想"的综述。

参考内容

教育、科技、人才是全面建设社会主义现代化国家的基础性、战略性支撑。必须坚持科技是第一生产力、人才是第一 资源、创新是第一动力，深入实施科

教兴国战略、人才强国战略、创新驱动发展战略，开辟发展新领域新赛道，不断塑造发展新动能新优势。

我们要坚持教育优先发展、科技自立自强、人才引领驱动，加快建设教育强国、科技强国、人才强国……

——摘自习近平总书记在中国共产党第二十次全国代表大会上的报告

科学实验课，是培养孩子们科学思维、探索未知兴趣和创新意识的有效方式。希望同学们从小树立“科技创新、强国有我”的志向，当下勇当小科学家，未来争当大科学家，为实现我国高水平科技自立自强作贡献。

——摘自习近平总书记 2023 年 5 月在北京育英学校考察时的讲话

引领 8100 万科技工作者，紧密团结在以习近平同志为核心的党中央周围，坚定不移走中国特色自主创新道路，以创新驱动发展的实际成效为国家发展和民族复兴提供不竭动力。

——摘自中国科协、科技部有关负责人就自 2017 年起将每年 5 月 30 日设立为“全国科技工作者日”的讲话

科普在贯彻落实创新驱动发展战略、推动科技创新发展过程中的作用显著提升，科普法规、政策、工作体系更加健全，全社会共同推动科普的氛围加快形成，科普公共服务覆盖率和科研人员科普参与率不断提高，我国公民具备科学素质的比例显著提升。到 2025 年，公民具备科学素质的比例超过 15%……

——摘自科技部、中央宣传部、中国科协 2022 年 8 月《“十四五”国家科学技术普及发展规划》

鉴于此，为了更好地撰写活动方案，科普工作者的案头应当有一些积累，

以备不时之需。特别是对于最新的文件精神，需要经常拿出来读一读、看一看，不打无准备之仗。

参考文件（省份资料以江苏为例）

《中华人民共和国科学技术普及法》（2002 年 6 月通过）

《中华人民共和国科学技术进步法》（2021 年 12 月第二次修订）

国务院《全民科学素质行动规划纲要（2021—2035 年）》（2021 年 6 月印发）

中共中央办公厅、国务院办公厅《关于进一步减轻义务教育阶段学生作业负担和校外培训负担的意见》（2021 年 7 月印发）

教育部办公厅、中国科协办公厅《关于利用科普资源助推“双减”工作的通知》（2021 年 11 月发布）

教育部办公厅《关于加强小学科学教师培养的通知》（2022 年 5 月发布）

科技部、中央宣传部、中国科协《“十四五”国家科学技术普及发展规划》（2022 年 8 月印发）

中共中央办公厅、国务院办公厅《关于新时代进一步加强科学技术普及工作的意见》（2022 年 9 月印发）

教育部等十八部门《关于加强新时代中小学科学教育工作的意见》（2023 年 5 月发布）

江苏省科协《江苏省科协事业发展“十四五”规划》（2021 年 8 月印发）

江苏省政府《江苏省全民科学素质行动规划（2021—2035 年）》（2021 年 11 月印发）

中共江苏省委办公厅、江苏省政府办公厅《关于新时代进一步加强科学技术普及工作的实施意见》（2023 年 5 月印发）

02

活动内容
是方案中最亮眼的部分

指导思想一旦准确了，整个方案的“气质”就被拿捏住了，算是开了个好头，接下来的就是活动整体的内容设计了。即使把指导思想描述得光彩夺目，没有充实的落地方案内容也是不可行的。对于没有组织经验的科普人来说，这点确实比较难。凭空想象、无中生有，着实不易。大家往往会提出“以前是怎么搞的？”“有没有方案大纲可供借鉴？”等问题。我整理罗列出一些常见科普活动方案中的部分内容板块，在此与大家分享。

科技竞赛主题设计

我从事科技竞赛组织工作至今已有 18 年，提到这个主题，我痛并快乐着，难免会洋洋洒洒地说一堆。

随着教育部、各省份发布中小学生竞赛活动的通知，各类中小学生科技竞赛蓬勃发展，种类很多、分类很杂、涉及面广。根据竞赛主办方性质，可将中小学生科技竞赛活动大致分为三类。第一类是根据教育部中小学生竞赛活动管理有关规定开展的、国家层面组织开展的竞赛向省级延伸的项目。例如全国青少年创新大赛、全国奥林匹克学科（高中数学、中学生物理、化学、生物学和信息学）竞赛、全国青少年无人机大赛、全国中学生科普科幻作文大赛、全国中学生天文知识竞赛、全国中学生水科技发明比赛等活动。第二类是由省（市、县、区）教育厅、科协、科技厅、文明办、体育局等多家机构立项主办的，面向中小学生开展的省（市、县、区）级竞赛活动。例如江苏地区有中小学生金钥匙科技竞赛、青少年科技模型大赛、“领航杯”江苏省中小学生信息素养提升实践活动等竞赛活动。第三类主要是以营利为目的的民间机构自行组织开展的小规模且有地域限定的科技竞赛活动。上述第一、二类活动都是由教育部或省教育厅批准立项的公益性竞赛项目。以江苏为例，其中大部分的省级中小学生科技竞赛都是由省科协组织承办的。省科协作为省委领导下的人民团体，弘扬科学精神，普及科学知识，传播科学思想，倡导科学方法，积极开展青少年科学技术教育活动，提高全民科学素质。江苏省青少年科技中心、江苏省科学传播中心、江苏省青少年科技教育协会等单位作为江苏省科协分管青少年科普工作的职能部门或组织，担负着全省青少年科技活动的规划、组织、示范和管理工作。

三十多年来，江苏地区举办了各类竞赛活动，全面贯彻党的教育方针，坚持公正、公平、公开的原则，从有利于学校教育教学工作的顺利开展，有利于发展学生的个性特长，有利于培养学生的社会责任感、创新精神和实践能力出发，逐渐形成了以青少年科技创新大赛、中小学生金钥匙科技竞赛、五大学科奥林匹克竞赛、青少年电子技师认定活动、青少年科技模型大赛、青少年机器人竞赛、青少年科学调查体验活动等具有地域特色的竞赛品牌。

无论是哪个层级的活动，其主办单位在设计竞赛活动方案时，往往需要考虑以下三点现实问题：

一是审查标准不规范。绝大多数的竞赛活动都是公益性质，其组织人员并非利益驱动，教育主管部门和科协部门发生人员变换比较频繁，因此交接工作难免有疏漏。以省级竞赛为例，各地审查机构不问责或者说难问责的现象时有发生。加上一些客观情况，如各地区乡镇拆并、学区调整、学校合并等，少数地区及其学校处于无工作站管理状态，导致有的学生想参赛却不知道参赛途径。甚至还会发生上级机构分配了下级申报比例后，下级机构不愿意承担责任，结果报送参赛者数量远达不到上级给予的指标的情况。再者，审查程序不健全，官僚化严重，缺乏复查机制。某些竞赛方随意处理不符合要求的参赛作品，直接把其涉及的全部材料抽走而不与参赛者本人反馈，硬生生地剥夺了参赛者当年再次申报的机会。

二是筛选程序科学性弱化。省级竞赛环节烦琐，大型竞赛的环节至少有3级。以青少年科技创新大赛为例，参赛者是从校级、区县级、地市级、省级、全国级层层选拔的。每个竞赛都有自己的固有系统，相关人员的“长官意识”较强，竞赛环节的增减过程无科学研究基础。同时，在评审时，有的采用单一评审，有的采用多环节评审。单一评审没有淘汰赛，即参赛者只有一次参赛过程，其参赛情况受参赛当时的环境、个人心理等主客观因素影响比较大。因此，单次选拔不利于准确地筛选参赛者，不利于全面考察参赛者的综合素质与科学素养，不利于多方位地挖掘参赛者的特点。再者，评审专家库建设弱化。据研究发现，江苏省重大科技竞赛的评审专家流动性不大，如部分学科竞赛、科技创新大赛、机器人竞赛的教练员、裁判员常年固定，这不利于竞赛活动的长远、健康发展。

另外，评审标准不能满足参赛者日益增长的创新意识，不能引导参赛者更高效地运用互联网思维，不能从更多角度细化与甄别优秀参赛者。

三是激励方式物质化。奖励形式单一，以物质奖励（奖金、礼物、奖杯、奖牌）为主，缺乏附加增值奖励。即便不断变革与创新竞赛激励机制、提高证书的获奖比例、提高赞助商的品牌宣传力度等，对参赛学生参赛技能的指导、科学素养的全面提高、参赛过程的科学辅助及选题创新的查新工作等也没有得到足够重视。同时，后续跟踪管理不够。竞赛的后续跟踪属于激励机制的一个重要环节，为竞赛的持续发展提供科学有力的数据支撑。很遗憾的是，江苏省范围内绝大多数中小学生科技竞赛的资料积累与跟踪存在不少问题，多数时候以表彰会为全年终结。以江苏省中小学生金钥匙科技竞赛为例，尽管近几年来组委会加强了竞赛档案管理工作，对获奖选手、奖项等第、所在学校等基础资料进行了数字化采集，但是翻看资料不难发现，1996 年第一届金钥匙科技竞赛的选手目前最小也已经 36 岁了。他（她）们现在从事怎样的工作？他们的人生因为金钥匙科技竞赛有了什么改变？这些年来，金钥匙科技竞赛的优秀选手们的发展情况又是怎样？这些问题难以找到答案。

究其原因，一是审查机制缺乏合理性，职能型组织结构僵化。中小学生科技竞赛的组织机构也就是教育主管部门或者科协系统，分别设有基础教育科室、科普活动部等专门负责各项活动组织与开展的部门。一个省级大型科技竞赛的主办单位往往有三四家或以上，因此活动的成功开展需要协调方方面面与教育行政部门的关系。只有与学校的科技教育实际情况结合得很好，才能为学生及其家庭积极参与科技竞赛活动创设更好的环境。职能型组织结构的优点在于政策、工作程序和职责规范十分明确，但是其缺点也很明显，就是没有一个直接对项目负责的强有力的中心或个人，也就是没有负责机构或负责人，同时不以目标为导向，跨部门、跨单位协调十分困难。例如，承办科技创新大赛的只是省科协下属的一个事业单位。该单位除了负责科技创新大赛、学科奥赛以外，还承接了职业学校创新创业大赛，青少年科学调查体验活动，科学特色学校项目、优秀中小学科技辅导员及青少年科技创新标兵的评选，以及各项机器人比赛等一系列竞赛活动。不难看出，科技创新大赛只是该单位工作中较为重要的一部分，所以他们无论在组织力度还是在人员配置上都存在缺失。再比如，金钥匙科技竞赛组委会挂靠在省科协的另一家事业单位江苏省科学传播中心。组委会工作人员认为竞赛宣传渠道不够畅通、宣传手段比较单一，特别是向教育行政部门、基层学校领导宣传不够到位，没有引起他们的足够重视；工作站的人员变动较快，而组委会办公室又未及时与他们取得联系，导致工作出现脱节现象。部分市、县（市区）科协的人手不够，人员积极性不高，这些因素都极大地削弱了科协在青少年科学教育中的作用，促使很多活动都由教育部门负责（并不是教育部门紧抓不放，而是当地科协不愿意参与）。很多校外青少年活动中心、少年宫等单位也不归科协管理，因此在上下联动方面不顺畅，开展工作时比较吃力。以上种种，都导致了审查人员不严谨、审查机构不问责的情况出现。

另外，公共服务没有形成竞争机制。涉及面较广的大型中小学生科技竞赛无一例外都会得到省财政经费的支持，在整个过程中不会向参赛学生收取任何费用。当然，省财政对青少年科技活动的全额拨付体现了江苏作为科技大省的姿态，也包含了省委省政府对提升未成年人科学素养的期待。但这也会带来一个问题：在活动开始之前，各级组织机构就已经知道年度活动的经费大致为多少，每个环节大致需要花费多少，是否能有结余，结余又是多少。同时，活动的盈亏与工作机构（人员）的绩效无关，相关部门对资金利用率与经费使用的合理性缺乏足够重视。长此以往，公共服务的质量难以得到保证。这主要是因为没有引入竞争机制，理所当然地认为按照“惯例”即可，举办某一个竞赛时，还是选择依靠固定机构，采用固定模式，没有让更多的企事业单位有机会参与竞争活动承办权，更没有引入多种思维或多种类型的产品增加竞争力。这必然会导致竞赛资源被垄断，公共服务供给以及执行能力变得单一与低效。同时，在竞争机制缺失的背景下，成本难以下降，容易造成财政经费的浪费，引发审查程序不健全以及审查标准不更新的问题。当然，需要说明的是，上述分析针对的是财政补贴类重点竞赛，社会上也存在企事业单位自行组织开展的若干中小学生科技类竞赛，但那些活动绝大多数都需要收取不少参赛费用，且以营利为目的（靠参赛收费、器材买卖或是学生培训获得利润）。这些小规模竞赛的竞争非常激烈，作为纯粹的市场竞争项目不该被列入公共服务的范围。

二是筛选机制缺乏科学性。分析筛选机制存在的若干问题，应当从机制规划的科学性出发进行归纳总结。问题产生的原因有以下两点。第一点是缺乏第三方监督制约。众所周知，社会公共服务的三大特征是大众化的服务、基本服务和非营利性的服务，通俗点说，就是公共性、公平性和公益性的服务。将这三大特征应用在中小学生的竞赛当中，显得尤为重要。公平性是任何一个竞赛最根本的要求，很难想象社会上会存在一个没有公平性的竞赛。所以，没有公平性便不是竞赛，这点特别体现在体育竞技活动当中。公共性是中小学生科技竞赛活动的基本指标，所有针对中小学生开展的科技活动都是为了最大限度地提高青少年的参与度，扩大参与面，全面提高青少年的科学素养。公共性的重要程度也不言而喻。如果组织一个仅为极少数人服务的科技活动，那只能算是自娱自乐。公益性是科技竞赛得以持续开展的重要因素。开展活动肯定需要经费支撑，由省财政统一拨付也是“取之于民、用之于民”的体现。新时代下，公共服务的领域不断延伸，涉及教育、医疗、公共安全等多个方面，社会各界早已不单单意识到公共服务的存在，而是更多地聚焦在公共服务能给自己带来何种利益的问题上，生怕个人应该享受的公共服务被侵占，有强烈的维权意识。但是，我国是个人口众多、各地经济发展差距较大、资源分配较不平均的国家，因此大家在多种多样的社会公共服务上也存在竞争关系。这就要求公共服务到哪里，公共服务监督就应到哪里。换句话说，公共服务投入越多，监督力度就应越大。回到中小学科技竞赛这个论题上来说，活动的承办单位往往是事业单位，这些事业单位有全额拨款单位，又有适度市场化的公共服务组织，即差额拨款单位，更有市场化组织，即自收自支单位。这样的事业单位都肩负公益性和市场性双重使命与职责，这导致现有的公共服务的监督难度不断加大，缺乏着力点，无从下手。正因为如此，在没有第三方监管的情况下，如何实实在在地保证竞赛的公开、公平、公正？如何将竞赛全过程充分暴露在阳光下？以现在的情况来看，不少重大科技竞赛都没有引入第三方监管机构，促使活动变成“一言堂”，充斥着“长官意识”“经验判断”“人情主义”，从而导致竞赛环节烦琐、筛选方式单一以及评审标准僵化。

第二点是专家库顶层设计不足。关于专家资源缺乏的问题，前文已有讨论，产生专家团队的单一化、固定化以及老年化的问题都是因为顶层设计不足。“顶层设计”原意是指在工程学中统筹考虑项目各层次和各要素，追根溯源，统揽全局，在最高层次上寻求问题的解决之道，它现已成为新的政治名词。长期以来，专家库建设问题一直困扰着广大竞赛活动的组织者。首先，因为竞赛对专家的要求非常高，一般要求权威、专业、公平、热心，更有的会要求专家和蔼可亲、平易近人，要是年富力强就更好了。仔细一想，这样的专家必定是专业领域的“大拿”，说话有分量且为人公道、热爱参加社会活动等。可试想，这样的人在全国范围内也不多，更别说在省级范围内了。以青少年科技创新大赛为例。二十多年来，江苏范围内、全国范围内、世界范围内，青少年的创新设计以百万计算，加上多年前的学生作品因技术限制等没有被系统地存入计算机登记，因此能把这么多年的创新成果储存进大脑中的专家毕竟是少数。例如，苏州张家生老师（曾获得江苏省十大杰出科普人物、全国优秀科技辅导员、全国发明伯乐奖以及全国促进发明事业先进个人等多项荣誉）依据多年积累的科技创新发明经验，可以在大脑中短时间内完成科技作品的“查新”工作。但毕竟不是人人都是张老师，各学校的辅导老师由于个人能力有大小，对学生的创新作品是否“创新”

把握不准，有时会一味地追求数量而不考虑质量，往往也就将作品层层报送上来了。在省级赛选拔的过程中，给每个参赛者介绍作品的时间非常短，这就对评审专家提出了非常高的要求。首先要快速判断作品的创新性，然后才是对其科学性、实用性等的评判，同时还要根据参赛者的发言进行提问，以此判断作品是否为本人创作。综观江苏省大型科技竞赛，组织机构在活动开展时几乎不涉及专家库设计与规划，极个别组织机构会结合竞赛的特点进行重要因素排列，同时考虑互补与更替问题。但他们更多会碍于情面，希望那些不适合竞赛要求的专家能自行退出。当然，要解决这些问题需要制定制度，因为任何的组织形式都不能百分百保证评审人员能做到公平、公正。

三是激励机制缺乏全局观。激励机制存在激励政策功利性太强、激励形式单一、后续跟踪管理不够等问题，主要是因为缺乏全局观，具体表现在两方面。一方面，区域经济发展不均衡。马克思认为，经济基础决定上层建筑。江苏是我国的经济大省，苏南、苏中、苏北由于在历史变革、地理环境、人文教育上存在差异，在改革开放之后，彼此的经济发展差距越来越大，即苏南地区经济发达，苏中、苏北地区经济相对落后。为了促进共同富裕，江苏制定了“苏北崛起、振兴苏中”的发展战略。省委省政府统筹布局，深化改革，全面缩小城乡差距，使苏南地区的劳动密集型产业逐渐向苏中、苏北地区转移，苏中、苏北地区的劳动人口向苏南地区迁移，但是两者客观存在的差异依然不容否认。中小学生金钥匙科技竞赛组委会提供了如下案例：在某一年科技竞赛系列活动开展过程中，宿迁市某校辅导教师给组委会来电，表示他指导的学生很幸运地通过了个人赛，被选拔为当地代表参加省级决赛，但因为学校不能解决经费（省内来回交通与一日食宿费用）问题，只好放弃参赛。这位教师在电话里一度哽咽，让人唏嘘。事后相关人员了解得知，当地教育经费缺口巨大，部分学校连教师的绩效工资都拖欠，更不用谈科技活动经费的保障了。反观苏南地区，如常州市天宁区某普通社区服务中心建设有现代化科技电影院、科技馆、博物馆若干，组建文化社团数十个，为社区内的中小学生开展校外科技活动以及暑期社会实践提供了有力的场地保障。苏中地区，如南京市某学校的机器人活动在全国处于领先水平，每年投入不少经费用于购买各种机器人耗材、建设校园机器人俱乐部、组队出境比赛等。经济水平的低下直接影响苏北地区的青少年科技教育水平。江苏省青少年科技教育南强北弱的格局依然十分明显。例如，3D打印项目在南京地区基本普及，很多学校都配有高规格的3D打印机供科技、信息老师使用，但苏北地区有的学校还只是听说，都未曾见过3D打印机。区域经济的差距必然导致部分人追逐竞赛活动激励的功利心愈来愈强，从而使组织单位迫于无奈只好选择单一方式来解决激励问题，注重物质奖励而弱化精神层面的奖励。

另一方面，机制创新生态不完善。在搜索引擎上输入“中小学生 + 创新”关键字进行搜索，前20条结果不出意外地全部指向了“青少年创新大赛”。由此可见，通过重点科技竞赛来推动中小学生科学素养的提高是有广泛基础的。但从活动组织角度来看，特别是激励机制的创新手段还远远不够，创新平台还没有搭建，创新思维还没有得到应用，难以通过形式多样的方案来解决实际问题，间接导致了参赛选手的后续跟踪问题难以得到解决。“互联网 + 竞赛激励机制”模式不是指简单地将两者相加，而是利用信息通信技术，让互联网与传统行业进行深度融合，创造新的竞赛机制生态。但是在现实中不难发现，对于科技活动特别是针对中小学生开展的主题活动，一般来说，没有基础的创新往往会带来风险。组织单位的“求稳”“不求有功但求无过”的心态明显，安全地、无投诉地组织并开展活动反而成了最高的追求。因此，承办单位不愿意尝试创新，逐渐思维固化，信息闭塞，眼界越来越窄，时间一长就更难进行创新思维了。

因此，针对以上问题，在考虑科技竞赛组织机制时，建议进行一些规避和创新。

一是科学审查环节。可以从省级层面大力提高重点开展公益性中小学生科技竞赛活动的机构的待遇，建议由省（市）教育厅、科协牵头，整合当地中小学生科技竞赛活动资源，对各机构开展活动的创新性、科学性予以指导，并且对竞赛内容是否有重合、交叉现象进行梳理，以提高竞赛的精准度，避免资源浪费，搭建形式多样的省（市）级竞赛综合性平台。主动协调校内外各种教育机构与科协系统之间的关系，消除隔阂，共同发展。加强协调，积极主动地配合当地教育部门、学校开展丰富多彩的科学活动。同时，引入竞争机制，做好预审反馈环节，重视抽样检查。科学合理地设计绩效考核标准，加强资金使用管理。允许社会化企事业单位广泛参与重大中小学生科技竞赛活动的承办与组织工作，建议采用 PPP（Public-Private Partnership）模式，鼓励私营企业、民营资本与政府合作，共同参与公共基础建设，增强省（市）财政资金活力。增加抽样检查的比例，将抽检结果列入当年绩效考核。引入“闭环管理”概念，实施“决策、控制、反馈，再决策、再控制、再反馈”的机制，在循环积累中不断提高，促进组织机构超越自我，不断发展。

二是变革筛选过程。首先，精准设计竞赛阶段与类型。建议各竞赛组织单位可以根据各类型竞赛的宗旨，从成本控制、活动效果、筛选准确性等多个角度逐条梳理，认真思考现有竞赛阶段与类型是否适合当前中小学生的发展特点，然后适度增加或者减少筛选环节。积极引入第三方监管机构，面向全社会开展竞赛改革、命题征集和意见反馈工作，突出科技竞赛引领科技、联系实际、注重实践的形象。其次，丰富筛选形式，简化评审过程。例如，在中小学生金钥匙科技竞赛的个人决赛环节增加部分动手实践题的内容，让参赛者“触摸科学”，突破了一提到竞赛就都以笔试形式开展的局限，尽管笔试形式对于竞赛组织者来说相对轻松。将团体初赛当中的笔试题改编为形式更为丰富的立体化赛题，附以简单的赛具设备，不仅增强了趣味性，更重要的是让参加初赛的代表队也能感受到决赛那种氛围。最后，细化竞赛标准，搭建适合竞赛需求的专家库。建议组织单位不断拓展评审维度，学习国际竞赛的优秀经验，优化现有的竞赛标准，将评审结果转移为评审过程，也就是把筛选的重心从评价项目成果本身转移到对参赛者的创新思维的考察。同时，扩大省（市）级竞赛评委的选择范围，将视野扩展到全国，甚至在世界范围内选择合适的专家。除了各大高校的教授、专家外，建议引入重点小学、初中、高中的科技骨干教师参与竞赛评审。还可以采用以设区市为单位的交叉互评形式，以更好地避免主观因素的干扰。

三是创新激励方式。首先，激励形式多样。紧贴时代脉搏，在大数据、云计算的时代背景下，用新技术、全媒体“武装”竞赛，用互联网平台、微信、微博等包装品牌，用“参与感”吸引参赛选手。特别是教育主管部门应积极引导中小学生积极参加科技竞赛。例如生物学奥赛，在全国联赛当中，除获金奖学生当场被清华、北大等院校“签约”外，获银奖学生能享有自主招生中录取分数线降低的政策优惠。建议教育主管部门分层次、分类别地取消与升学相挂钩的激励政策，结合学生的科学兴趣，引导他们参与各项社会化活动。除了有物质奖励与升学激励外，应增加一些增值服务，从精神层面上进行奖励设计。其次，激励平台多样。以江苏省为例，省科协下属的科学传播中心、青少年活动中心、科普服务中心等兄弟单位可加强协作，集成资源，实现互惠互赢。鼓励设区市举办市级团体决赛，省组委会在省总决赛的名额、专家辅导、题库配送方面予以政策支持。加强联合，争取国际科学与和平周中国组委会的支持，策划华东地区六省一市（山东、江苏、安徽、浙江、江西、福建和上海）科技竞赛邀请赛，创造更大平台，促进科学交流。最后，激励层次多样。根据竞赛规模，实施“一赛四级激励法”，即分省级、市级、区级及校级四个层次进行奖励设计，每个层级都设有奖励，但形式、内容都不同，尽量让参加活动的中小学生都能有所得。获奖人数呈金字塔状向下辐射，这既保证了省级竞赛活动的含金量，又扩大了获奖面，对学校、教师和学生都起到了非常强的激励作用。

随着社会公众对竞赛活动的关注度增强，组织者的压力也与日俱增。期盼通过对青少年竞赛机制的一点研究分析，为今后的竞赛活动策划者提供一些思路。我也整理了一些科技竞赛活动的方案（重点摘取内容设计部分），供大家研判。

案例一（综合知识类）

中小学生金钥匙科技竞赛活动内容

一、个人赛

按小学、初中和高中分组进行，设初赛和决赛两轮比赛。

（一）个人初赛

参赛方式一：纸质竞赛，报名截止日期为 XX 年 XX 月 XX 日。初赛试卷将于 XX 年 XX 月开始分批下发，XX 月 XX 日前完成考试，各地自行安排阅卷。赛题由必答题（知识题、综合应用题、发散思维题）和附加题（动手题）组成。

参赛方式二：网络竞赛。选手通过网络平台参与比赛，每位选手有两次答题机会，取最好成绩排名。网络竞赛时间为 XX 年 XX 月 XX 日至 XX 年 XX 月 XX 日，由学生在网络端自行参赛。

说明：参与个人竞赛的选手可以同时参加青少年科学素质评价活动，合格者可获得由承办单位颁发的证书。

（二）个人决赛

参加决赛的选手从初赛成绩（纸质竞赛、网络竞赛）优秀者中选拔。决赛题型为知识题、综合应用题、发散思维题、研究性学习题和科技英语题。决赛试卷将于 XX 年 XX 月开始下发。决赛时间为 XX 年 XX 月 XX 日。决赛试卷由省组委会密封配送至各工作站，各工作站分别组织决赛，省组委会办公室安排抽查。各工作站严格按照规定时间安排考试。若出现赛题外泄等对竞赛造成恶劣影响的情况，省组委会将追究有关单位及个人的法律责任。

（三）赛果公布

工作站根据省组委会办公室提供的个人初赛（纸质竞赛）、决赛试题参考答案和评分标准，分别组织阅卷。网络竞赛中各地区入围决赛名单将由省组委会于 XX 年 XX 月 XX 日下发至各工作站，由各工作站通知相关选手参加决赛。初赛（纸质竞赛）、决赛参考答案于 XX 年 XX 月 XX 日在相关网站上公布。

二、团体比赛

（一）组织方式

在往年比赛形式上进行优化，由各设区市推荐，以学校为单位参赛，每校代表队由 3 名学生组成。比赛分小学组、初中组、高中组 3 组。原则上，各设区市总报名数不超过 9 支代表队，举办市级团体赛的地区可额外增加 3 支代表队参赛。

（二）申报程序

举办市级团体赛的地区在比赛结束后，由设区市工作站将名单报省组委会办公室即可；其他地区由市、县（市、区）工作站提出书面申请，由省组委会办公室审批决定。

（三）赛题以科学素养题、动手题为主。团体赛定于 XX 年 XX 月 XX 日进行，具体时间及地点另行通知。

三、奖项设置

1. 设个人特等奖、一等奖、二等奖若干，依据个人决赛成绩评出。竞赛结束以后，个人赛获奖名单将在当地组织单位网站上公布。

2. 设团体小学组、初中组、高中组特等奖、一等奖、二等奖若干，依据团体赛成绩评出。

3. 设青少年科技教育优秀校长奖、优秀科技辅导员奖、先进个人奖、青少年科技教育先进单位奖若干。获奖名单加盖公章逐级上报后，由省组委会办公室审批备案。

4. 各地方可根据实际情况设立各市、县（市、区）级奖励。

案例二（专业领域类）

某省中小学生天文知识比赛方案

一、参赛对象

XX 年 XX 月 XX 日之前出生（经组委会特殊批准的情况除外）的中小学正式在校学生。竞赛分小学组和中学组分别进行。

二、比赛安排

本次比赛形式为网上答题。XX 月 XX 日 9 点开放答题系统，XX 月 XX 日 17 点答题截止。XX 月上旬完成评选并由主办单位颁发获奖证书。

三、比赛内容

比赛内容包括基本天文概念和常识、物理与地理基础知识、天文资讯及天文观测理解与应用等方面的知识。比赛时，题目从题库中随机抽取。小学组题量 20 题，答题时间 10 分钟；中学组题量 30 题，答题时间 15 分钟。每位选手限两次答题，成绩按单次最高正确率及答题时长排序，即同等正确率的情况下，用时少者排名优先。

四、奖项设置

1. 设小学组、中学组一、二、三等奖若干。

2. 设优秀指导老师及优秀组织单位奖若干。

五、参赛报名

关注某微信公众号，即可获取比赛报名信息。活动不收取任何费用。

案例三（动手实践类）

校园之间智力竞技活动实施方案

一、活动安排

1. 组织发动阶段：XX 年 XX 月至 XX 月，各设区市组织发动学校参与活动，并在各地开展教师培训。

2. 校内选拔阶段：XX 年 XX 月至 XX 月，由各参赛学校自行选拔并组建参赛代表队。

3. 市级选拔赛：XX 年 XX 月至 XX 月，开展市级选拔赛（具体时间、地点以各设区市选拔赛通知为准）。

4. 省级决赛：XX 年 XX 月，举办总决赛（具体时间、地点以总决赛通知为准）。

二、组织参赛

1. 以学校为单位组织代表队参赛，每支参赛队由 3 名学生和 1 名教师组成。原则上，每个设区市代表队总数不超过 60 支，报完即止。以组委会最终公布报名队伍为准。

2. 组委会联系人：略，联系电话：略。

三、奖项设置

1. 学生奖项：市级选拔赛设一等奖、二等奖，总决赛设特等奖（含冠、亚、季军）、一等奖、二等奖。

2. 组织及辅导员奖项：设优秀青少年科技教育辅导员奖、优秀青少年科技教育校长奖、优秀组织奖、青少年科技活动特别贡献奖。

四、费用说明

参赛队交通、住宿费用自理。市级选拔赛、总决赛的竞赛器材由组委会统一提供。

五、市级选拔赛比赛方式

1. 比赛方式：市级选拔赛设置科学素养题、动手实践题 2 种题型，其中科学素养题 50 题、动手实践题 2 题。根据市级选拔赛成绩排名，按一定比例推荐晋级总决赛的代表队。

2. 比赛安排：赛程设置 1 日，在各设区市择机开展。

3. 承办校要求与政策：

承办校对科技活动高度重视，在当地具有较大影响力，且所处的地理位置交通便利（含大交通和小交通）；能够提供相应的比赛场地，包括教室 10 间左右、报告厅 1~2 个，配室内体育馆为宜；能够提供相应的比赛协助人员 10 人左右；能够配合活动期间的氛围布置（如张贴横幅 2~3 条、设置开幕式的背景板等）。承办校可视为本赛区协办单位，组委会授予承办校“优秀组织奖”，增加“优秀青少年科技教育辅导员奖”1 个。承办校可增加 1 支代表队参赛，成绩最好的 1 支代表队可以直接晋级总决赛。

六、动手实践题赛题库

1. 苏州、无锡、常州地区赛题库：《我的小船浮力大》《气垫小车》《滑道有玄机》《空中战队出发》。

2. 扬州、镇江、南通、宿迁地区赛题库：《纸筒滚起来》《飞机任翱翔》《我们都是神枪手》《桥梁承重强》。

3. 南京、泰州、盐城地区赛题库：《建造“摩天塔”》《悬臂长又长》《挑战最高峰》《我的桅杆高又高》。

4. 徐州、淮安、连云港地区赛题库：《牌桥跨度大》《纸框装货多》《吹箭射程远》《我的下沉速度快》。

注：有兴趣的教师可以上网查询上述赛题比赛方式，该方式非常适合学校在科技节组织学生活动。

案例四（主题活动）

某青少年食品安全科普知识竞赛活动方案

为贯彻落实国务院食品安全委员会办公室等10部门联合下发的《关于开展XX年全国食品安全宣传周活动的通知》，XX单位拟于XX月组织举办地区青少年食品安全科普知识竞赛活动。通过竞赛活动，增强青少年及其家庭成员的食品安全意识和科学素养，促进形成“人人关心食品安全，人人维护食品安全”的良好社会氛围。

一、活动主题

共建诚信家园，同铸食品安全。

二、活动时间

XX年XX月。

三、活动安排

（一）个人赛

比赛采用网络及试卷形式答题，所有赛题将通过XX网络媒体发布，同时通过《XX科学杂志》《XX科技报》等科普媒体刊登。根据网络答题和试卷答题情况，从参赛的青少年中产生个人一、二、三等奖若干。

（二）团体赛

团体赛于 XX 月 XX 日在 XX 举行。采用团体报名方式开展，以学校为单位，每设区市可组织 4 支代表队，其中至少有 1 支中学组。每支代表队由 3 名学生、1 名教师组成，赛题有必答题、抢答题、演示观察题、动手题等多种题型。参加人员名单请于 XX 月 XX 日前报送活动组委会。团体赛将全程进行电视录播，现场决出一、二、三等奖并颁奖。

四、组织机构

竞赛活动由 XX 单位主办，XX 单位承办。

联系人及联系电话：略。

地址：略。

电子信箱：略。

弘扬科学家精神主题活动设计

当科学家应该是很多孩子打小的梦想。我们在组织策划这个主题的活动时，不必刻意地追求单纯的科学知识传播，应当更多地传播科学家精神，营造向科学家学习的氛围。我们知道，无数科学家前赴后继、接续奋斗，为祖国和人民作出了彪炳史册的重大贡献，铸就了伟大的科学家精神。科学家们励志的求学故事、感人的忘我奋斗事例，对当代青少年来说太值得学习了！我国正加快实现高水平科技自立自强，“大国重器”更是新时代青少年的择业方向。设计这类活动的主要思想脉络必须清晰——让科学家鲜活地、真实地、接地气地来到孩子身边。

案例一

院士专家报告会

一、活动时间

XX 年 XX 月 XX 日 XX 时。

二、活动地点

某学校 / 某集团校。

三、活动主题

太空旅行——航天专家带你遨游太空。

四、参与对象

青少年学生。

五、报告内容

星际旅行一直是人类的梦想。从过去到现在，人类一直都在为实现这个梦想而努力。本报告围绕人类航天发展所遇到的一些有趣问题进行讲述，如介绍航天知识和概念、航天器飞行原理，讲解青少年感兴趣的宇宙奥秘，分享航天员进入太空后的感受等。与此同时，还会向青少年讲述一些科学家的事迹和航天人的探索精神。本报告涉及的内容不是枯燥难懂的高科技理论，而是集知识性和趣味性于一体的航天文化，主要阐述航天科技知识、火星移民和星际文明探索等，同时还介绍中国载人航天精神。期待同学们通过聆听本报告，能够真正爱上航天。

案例二

科学家精神主题展览

一、活动主题

百年再出发，迈向高水平科技自立自强。

二、活动地点

某展厅。

三、展览内容

本展览以中国共产党的坚强领导和伟大指引为主线，以科学家精神内涵为框架，设立以爱国、创新、求实、奉献、协同、育人为主题的六部分展区和“众心向党　走向复兴”的专题。展览将“两弹一星”精神、西迁精神、载人航天精神、探月精神等中国共产党人精神谱系的伟大精神贯穿其中，立体呈现百年来在党的坚强领导下，科技工作者投身科学救国以及科技报国、兴国、强国伟大事业的感人故事，同时征集本地区科学家团队相关资料联合展出。另外设立“科学家，我想对您说”明信片墙，供青少年写下观展感悟、理想感言。

案例三

“大手拉小手　共话强国梦”科学家精神分享会活动方案

一、活动安排

（一）“四小”征集活动

在某范围内面向中小学生广泛组织开展以“科学家，我想请教您”小问题、“科学家精神伴我成长”小视频、“我最喜欢的科学家”小作文、“致敬科学家”小绘画为主要内容的“四小”征集活动。目前，已组织专家对征集到的“四小”活动作品进行评选。活动现场将选择部分优秀作品集中展示。

（二）分享会主场活动

1. 时间、地点：XX 年 XX 月 XX 时 XX 地，时长约 XX 分钟。

2. 出席人员：中国科学院、中国工程院院士以及青年科技奖获得者代表，各主办、承办单位领导，青少年代表。

3. 活动内容：院士及青年科技奖获得者（共 6 人），围绕新时代科学家精神、科技报国、对党和国家的情感、对青少年成长的关怀等内容进行微演讲；组织现场及网络平台上的青少年与科学家互动交流，并对“四小”征集活动优秀作品的创作者进行颁奖。

二、活动推广

1. 网络直播：通过某媒体平台线上直播。

2. 新闻宣传：通过媒体同步开展广泛宣传；开设《最美科技工作者》专栏，通过对科学家成就、事迹的报道，宣传科学家的优良传统，弘扬科学家精神。

青少年科学阅读主题活动设计

在推进素质教育的过程中，青少年的课外阅读在提高青少年综合素质方面发挥着尤其重要的作用。2023 年《中国儿童青少年阅读现状与需求调研报告》显示，目前青少年每日进行课外阅读时长偏短，尚未达到有效阅读。随着“4 · 23 世界读书日”的热烈推广，在新媒体发展日新月异的今天，全社会对青少年阅读特别是科学阅读越来越关注。数字阅读（包括网络在线阅读、电子阅读器阅读、手机阅读）愈发融入人们的日常，迅速走进了青少年的生活。新兴的数字阅读媒介呈现出快速发展的势头，而传统的阅读媒介作为历史悠久、体系庞大的知识和文化载体，具有网络阅读及其他阅读媒介难以替代的优势。2023 年，教育部等八部门印发了《全国青少年学生读书行动实施方案》，提出将通过 3 到 5 年的努力，使青少年学生读书行动得到广泛深入的开展。因此，以青少年科学阅读为主题的活动常常会是科普人选择的一个优质内容。

案例一

青少年科普阅读调研活动方案

一、调研目的

通过调查中小学生以图书、报刊、互联网、手机、电视等载体开展课外阅读的现状，以及家长指导孩子课外阅读的情况，了解《科学大众》《小哥白尼》《我们爱科学》等科普类期刊的受众情况，掌握当前义务教育阶段中小学生的课外阅读兴趣、动机、时长、内容、习惯、方式，以及教师、家长对孩子课外阅读的指导状况，探索如何为中小学生提供宽阔的科普阅读平台，使他们在有限的阅读时间内对科普阅读产生更大的兴趣并从中受益更多。

二、调研方式

调研采用问卷调查。选择某地区，向调研样本发放纸质与电子问卷，在问卷中注明活动时间、参与方式，开展抽奖活动并发放奖品。

附件：调研表（样例）

学生卷

一、基本情况

1. 你的年龄是？

A. 7~10 岁　　B. 11~13 岁　　C. 13 岁以上

2. 你的性别是？

A. 男　　B. 女

3. 你每年的图书阅读量大约是_________本。

4. 你每年的期刊阅读量大约是_________期（份）。

5. 你每年的报纸阅读量大约是_________期（份）。

6. 你的学校举办科普活动的频率是？

A. 每学期一次　　B. 每学年一次　　C. 从未举办过

7. 请从下列活动中选择你较喜欢并占用时间较多的两项。

A. 课外阅读　　B. 学习　　C. 看电视　　D. 玩电脑

E. 体育活动　　F. 音乐、美术活动　　G. 和伙伴玩　　H. 其他

8. 你对图书、期刊的承受价格最高分别是_________元，_________元。

9. 对于购买一本 200 页左右的科学类简装书，你认为价格多少合适？

A. 8~12 元　　B. 13~20 元　　C. 21~30 元

D. 30 元以上　　E. 只要喜欢，多贵都买

10. 对于购买一本期刊（单期），你认为价格多少合适？

A. 3~6 元　B. 7~9 元　C. 10~19 元　D. 19 元以上

二、课外阅读情况

1. 你逛书店的频率是？

A. 常去　B. 偶尔去　C. 很少去

2. 你看书一般是购买还是借阅？

A. 购买　B. 借阅　C. 两者都有

3. 你比较喜欢阅读哪方面的图书？

A. 文学　B. 历史　C. 悬疑　D. 科普

4. 你一天有多长时间在阅读图书？

A. 少于 1 个小时　B. 1 个小时　C. 2~3 个小时　D. 3 个小时以上

5. 你在什么情况下会阅读课外书？（可多选）

A. 主动阅读　B. 老师要求　C. 家长督促

6. 你觉得课外书有哪些益处？（可多选）

A. 扩大知识面　B. 提高学习成绩　C. 消磨时间

7. 你看书的方式一般是哪一种？

A. 跳读，寻找看点　B. 随意阅读，有个大概印象即可

C. 认真阅读，逐字逐句　D. 反复阅读

8. 你阅读时遇到不认识的字或不懂的问题时会怎么做？（可多选）

A. 跳过读后面的　B. 查工具书　C. 随便认读　D. 问老师、父母或同学

9. 阅读时，你通常会怎么做？（可多选）

A. 摘抄好词佳句　B. 写读书笔记　C. 背诵喜欢的句段

D. 和别人谈感受　E. 看完就完了　F. 圈圈点点，写批注

10. 阅读过一本书后你通常会怎么做？

A. 放在一边不再阅读　B. 经常翻看　C. 转赠他人　D. 与同学交换阅读

11. 你选择的阅读品种有？（可多选）

A. 图书　　B. 期刊　　C. 报纸

D. 网络阅读（包括网络在线阅读、手机阅读、电子阅读器阅读、光盘阅读、PDA/MP4/MP5 阅读等）　　E. 从不阅读

12. 制约你阅读期刊的原因？（可多选）

A. 功课忙，没时间　　B. 没有阅读期刊的习惯

C. 对现在期刊上的内容没兴趣

D. 看电视、听广播就够了，没有必要再读

E. 价格太贵　　F. 不方便购买

13. 你的阅读方式是？（可多选）

A. 手机阅读　　B. 网络在线阅读　　C. 用电子阅读器阅读

D. 纸质图书阅读　　E. 从网上下载并打印下来阅读

14. 你的数字阅读方式或接触方式是？（可多选）

A. 网络在线阅读　　B. 手机阅读　　C. 用电子阅读器阅读

D. 光盘阅读　　E. 用 PDA/MP4/MP5 等阅读

15. 你选择数字阅读方式的原因是？（可多选）

A. 获取便利　　B. 能随时随地阅读　　C. 信息检索方便

D. 信息量大　　E. 收费少甚至不收费

16. 你购买图书的渠道是？（可多选）

A. 新华书店　　B. 其他线下大型书店　　C. 街头书摊　　D. 网络平台

17. 你能否接受付费下载阅读？

A. 能　　B. 不能

三、科普阅读情况

1. 你知道几本科普类书刊的名字？尝试写几个。

____

2. 你喜欢阅读哪方面的科普知识?______

3. 促使你阅读科普读物的因素是什么?

A. 家长或者老师要求　B. 自己兴趣　C. 可以提高主课学习成绩　D. 其他

4. 你通常在什么时间看科普图书或期刊?

A. 课间　B. 早上　C. 中午　D. 晚上

5. 你最喜欢哪本科普期刊?最喜欢里面的哪部分内容?

______

6. 你阅读的科普图书源于?(可多选)

A. 学校图书室　B. 同学间　C. 父母购买、订阅　D. 自己购买、订阅

7. 你曾经订阅过以下哪些科普期刊?(可多选)

A.《小哥白尼》　B.《我们爱科学》　C.《科学大众》

D.《未来科学家》　E. 其他

8. 你比较喜欢哪种类型的科普期刊?(可多选)

A. 动植物　B. 科幻　C. 天文　D. 动漫

E. 军事　F. 地理　G. 其他

四、阅读渠道

1. 你一般通过什么渠道了解科普知识?(可多选)

A. 网络　B. 报刊　C. 图书　D. 电视、广播媒体　E. 课本

2. 你每周上网的时间约多少小时?

A. 0~6 个小时　B. 7~12 个小时　C. 12 个小时以上

3. 你会在电子产品上看书吗?

A. 经常　B. 不会　C. 偶尔

4. 你知道多少个科普类网站的名字?如果知道,尝试写下来。你喜欢这样的网站吗?

______

5. 你喜欢看《科学大众》吗？有哪些栏目你特别感兴趣？

____

6. 如果未来参加了工作，你还会坚持阅读吗？

A. 会，阅读很重要　　　　B. 可能会，看情况

C. 可能不会，还有很多事要做　　　　D. 不会

7. 你对未来阅读的期望是？

A. 兴趣性阅读兴盛　　B. 功利性阅读，如《怎样成为百万富翁》之类的书

C. 更注重历史文学　　D. 阅读可能被其他活动取代

家长卷

1. 您为孩子征订或购买过哪些类型的课外书？（可多选）

A. 语言类　　B. 图画类　　C. 科普类　　D. 工具类　　E. 其他

2. 您一般会陪伴孩子阅读课外书吗？

A. 不会　　B. 会，偶尔　　C. 会，经常

3. 您认为孩子有必要阅读科普类期刊吗？

A. 没必要　　B. 有一定必要性　　C. 很有必要

4. 您给孩子买书的原则是什么？

A. 孩子喜欢的就买　　B. 会和孩子一起商量买什么样的书

C. 认为重要的、对孩子有利的就买，不管孩子喜不喜欢

5. 您一般多长时间带孩子去书店？

A. 每个月　　B. 2~3 个月　　C. 半年至 1 年　　D. 从不

6. 您为孩子征订过哪些科普类期刊？

____

7. 您觉得现在学生读物存在哪些问题？

---

8. 您是否与孩子一起同读一本书并交流有关内容？（请说明陪读者身份）

---

9. 您与孩子阅读时，一般采用什么阅读方式？

---

10. 您是否希望学校开展一些课外阅读指导活动？

---

11. 请为孩子推荐3本书。

---

12. 您家中的藏书量大约是多少？其中，孩子的阅读书籍占比多少？

案例二

青少年科学阅读之夜活动内容

一、“我最喜爱的科普科幻图书”征集

XX月XX日上午，某个活动报到处发放“我最喜爱的科普科幻书籍”推荐表，让学生填写图书名称和推荐理由。收集统计好结果后，在当晚活动现场公布喜爱度排名前三的图书。活动前，将推荐表粘贴至活动展板上集中展示。

二、科学阅读之夜活动

1. 科学阅读主旨演讲：邀请科普作家若干，围绕青少年科学阅读主题，各自进行10分钟的演讲。

2. 科技助力科学阅读：邀请某科技企业，利用虚拟科技，为青少年带来数字化阅读新体验。

3. 科普好书推荐：邀请现场科普作家每人推荐一本科普图书；现场随机选10位学生，每人赠送一本作家亲笔签名图书（作家推荐图书或个人作品）。

4. “我最喜爱的科普科幻图书”征集结果发布：公布“我最喜爱的科普科幻图书”喜爱度排名前三的图书；邀请学生代表上台说明推荐理由，每人赠送“图书盲盒”一份。

案例三

某科普“漂流屋”暨某省全民阅读科普联盟活动方案

一、活动时间

XX年XX月XX日。

二、活动对象

各市、县（市、区）中小学校。

三、活动内容及要求

1. 为深入贯彻《全民科学素质行动计划纲要实施方案》，推进全民阅读、建设书香社会，引导和帮助基层群众尤其是青少年多读书、读好书，拟面向我省XX所中小学开展布点建设全民阅读·某科普“漂流屋”。向每所学校捐赠价值5000元的科普图书一批，并吸收该校为省全民阅读科普联盟成员单位。

2. 以每学期为单位进行市域范围内的图书“漂流”活动。学校指定专人管理“漂流”图书，并将其放置于指定位置。要求：书屋标志清晰，环境整洁，书封后统一配制标准读书卡，用于记录该书的“漂流”信息；摆放完毕后，拍摄一张环境照片发送至指定邮箱（略）。

3.XX 年 XX 月 XX 日前，完成首批联盟成员学校的图书配送，每年进行一次抽查，根据各地活动开展的实际情况予以增加或回收图书。

4. 每两年进行一次“以旧换新”，补充最新科普图书，对于优质的联盟成员，加大投入比例。

四、联系方式

略。

其他综合型青少年主题活动设计

在日常工作中，科普人很多时候接到的任务是针对青少年开展综合型科普活动。这种活动不一定针对某个独立的学科领域开展，更多是围绕科普主题即可。在这种情况下，科普人可发挥的空间较大。但是，想从众多的科普主题当中找到突破口，寻求创新，也是有难度的。针对青少年的综合型科普活动应注重需求调研、活动形式创新、资源整合、教育可持续发展及宣传推广。只有这样，才能真正让青少年感受到科学的魅力，激发他们对科学的热情和探索精神。

第一，充分了解你的受众——青少年的实际需求和兴趣。你所在的地区、学校有没有持久开展的特色科普主题？近期有没有可以结合的跨学科活动？思考这些问题都是为了使科普活动更具吸引力。兴趣爱好是最好的老师，因此了解青少年在科技方面的爱好需求，可以更好地服务活动设计。通常可以采用调查问卷、集中投票、座谈会等形式，收集青少年对科普活动的意见和建议。当然，现在比较流行的方式是关注网络社交平台上的青少年动态，了解他们的关注点和热点话题。

第二，整合优质科普资源。要举办一次成功的科普活动，必然离不开丰富的科普内容和专家专业支持。活动策划者可以与其他科普机构、专家合作，共同积累高质量的科普资源；可以利用互联网平台，将线上与线下活动相结合，让青少年能通过更多渠道接触到科普知识。这个部分在后文会展开叙述。

第三，创新丰富多样的活动形式。针对青少年的科普活动应注重互动性和趣味性。可以采用互动讲座、科普展览、实验演示、实地考察、动手制作、竞技比赛等多种形式，让青少年在参与过程中感受到科技的乐趣。当然，也可以结合现代科技手段，如虚拟制作、增强现实、扩展现实等，为青少年带来身临其境的科普体验。

第四，强调科学教育的持久性影响。成功的科普活动不光有精彩的现场，更要有长远的社会影响。通过建立青少年科普志愿者服务队、优秀科学少年评选等方式，激发青少年对科学的热爱。同时，加强与学校、社区等组织的合作，为青少年提供常态化、系统化的科普教育服务。

案例一

“百名科普传播专家进百校暨快乐科学校园行活动”方案

一、活动简介

“百名科普传播专家进百校暨快乐科学校园行”活动主要以互动性、展示性的科技展品为主，涉及天文学、自然学、动植物学、地质学、矿物学、海洋学、力学、声学、光学、机械学、电学、数学、热学、磁学、化学、拓扑学等学科，同时涵盖环境保护、生活常识、拓展互动、机器人竞技表演等内容。

二、活动目的

为贯彻落实《江苏省加强和改进未成年人思想道德建设行动计划》和《江苏省未成年人科学素质行动实施方案》，实践社会主义荣辱观，拟通过和青少年互动以及多种喜闻乐见的形式，让青少年亲身体验和感受科学，在快乐中学习，提高他们的实践、创新能力。

三、组织单位

略。

四、活动时间

XX 年 XX 月 XX 日。

五、活动内容

本次活动分为以下几个部分（根据活动实际进行调整）。

（一）快乐科学号

“科学大众 · 快乐科学号进校园”活动主要以具有互动性、展示性的科技展品为主。设置 20 个箱子，装有 20 个神奇的科技展品，通过各种神秘而有趣的实验，让青少年动手、体验，引发他们对科学的兴趣，使青少年不出学校就能体验小型科技馆的魅力。

建议场地：一楼室内操场。

建议参与人数：视学校人数而定，每班可轮流参观。

（二）大手拉小手

邀请知名专家与学生零距离接触，畅谈科学人生及科学故事，介绍最新科学动态等。

专家可为能源、气象、化学、力学、汽车工程等领域人员。

建议场地：大报告厅，需要电脑、投影仪等设备。

建议参与对象：中高年级学生。

（三）魔法时刻

结合课程改革，表演科学探究实验。气球飞机为什么可以飞起来？铝管也可以发出美妙的声音吗？饮料瓶可以听话地悬浮在空中是什么原因呢？实验如魔法般精彩，却蕴藏着一个个科学道理。

建议场地：大报告厅（或大教室）。

建议参与对象：中高年级学生。

（四）3D 打印技术的应用与发展

3D 打印是一种快速成型技术，以数字模型文件为基础，运用粉末状金属或塑料等可黏合材料，通过逐层打印的方式构造物体。3D 打印通常是采用数字技术材料打印机来实现的，常用于模具制造、工业设计等领域的模型制造，后逐渐用于一些产品的直接制造。目前，已经有使用这种技术打印而成的零部件。本活动将 3D 打印机带到课堂，让青少年体验最前沿的科技。

建议场地：大报告厅（或大教室），需要投影仪等设备。

建议参与对象：中高年级学生。

（五）未来实验室

未来实验室“STEM+”科学实验课程专为 3~12 岁孩子设计。目前，课程分为 7 个阶段，包括幼儿园小、中、大班 3 个阶段以及小学初、中、高、特级 4 个阶段，共有 210 个探索主题，从传统文化到时尚前沿，从科学技术到工程艺术，内容丰富多彩。课程以玩创为理念，旨在培养孩子的创新思维和创造能力，综合提升孩子的 STEM 素养。

建议场地：录播教室，需要电脑、投影仪等设备。

建议参与人数：一个班的学生。

案例二

“全民爱科学挑战赛”活动方案

为组织开展好“全民爱科学挑战赛”活动，特制定如下活动方案。

一、活动主题和对象

活动主题：让大众爱上科学，让科学服务大众。

活动对象：省内年满 12 周岁，喜爱科学知识的少年儿童。

二、活动形式和主要内容

（一）活动形式

活动以“网上竞答 + 线下竞赛”的形式进行。符合参赛条件的选手可通过网站、手机客户端、“科普云”电子大屏等参与竞答，赢得“科学达人”（前 100 名）、“科学之星”（前 10 名）、“金牌赛先生”（第 1 名）称号。

（二）注册登录答题

选手登录活动官方网站、微信公众号“科普云”、“科普云”电子大屏，选择“全民爱科学挑战赛”入口进入，填写真实姓名、手机号、手机短信验证码等信息注册并登录（每个手机号仅可注册 1 次）。注册时所用姓名及手机号作为奖励发放的凭证。

答题闯关网络竞答共有“小试牛刀”和“正式闯关”两个环节：“小试牛刀”有 1 道题，答对即可获得基础奖励；“正式闯关”为每关 10 道题的“闯三关”进阶形式，即每关至少答对 7 道题才能闯关成功，进入下一关。试题从科学素养知识库中随机抽取生成。

（三）专家团队

由“科普云”信息服务系统专家指导委员会的专家担任本次竞赛的科学顾问，全面负责赛题权威解读。

（四）赛题设置

本次竞赛赛题由科学顾问团筛选、审定。科学素养知识库包含2000道赛题，内容覆盖数、理、化、生、地常识，融入环境保护、食品安全、能源资源、防灾应急等多个主题。赛题分为图文题、音频题、视频题三大类，其中80%为图文题，音、视频题各占10%，题型全部为单项选择题。

（五）赛程安排

本次竞赛分网络初赛、网络复赛、线下总决赛3个阶段。

1. 网络初赛：XX年XX月XX日至XX年XX月XX日，成绩排名前100的选手为“科学达人”，进入网络复赛。

2. 网络复赛：XX年XX月XX日至XX年XX月XX日，成绩排名前10的选手为“科学之星”，进入线下总决赛。

3. 线下总决赛：XX年XX月XX日全国科普日活动现场，由科学顾问团现场出题，全部“科学之星”线下集结并作答，最终成绩排名第一的选手成为“金牌赛先生”。

（六）评奖方式

1.“科学达人”：三关全部闯关成功的选手可以参与“科学素养百强”的评选。竞答系统依据三关全部通过后的答题准确率和答题时长确定答题成绩（答题时长等于三关通关时间之和，三关之间可以间断），多次闯关，取最好成绩。初赛阶段答题成绩前100名的选手为“科学达人”，获得表彰及奖励，同时获得进入复赛的资格。若前100名选手有无法参加复赛的，则由初赛选手按初赛成绩排名先后依次补替。

2.“科学之星”：初赛成绩前100名选手可以参与“科学之星”的评选。竞答系统依据三关全部通过后的答题准确率和答题时长确定答题成绩（答题时长等于三关通关时间之和，三关之间可以间断），多次闯关，取最好成绩。复赛阶段答题成绩前10名的选手为“科学之星”，获得表彰及奖励，同时获得进入总决赛的资格。若前 10 名选手有无法参加决赛的，则由复赛选手按复赛成绩排名先后依次补替。

3.“金牌赛先生”：获得“科学之星”的选手可参加线下总决赛，最终决赛成绩第一的选手成为“金牌赛先生”，获得表彰及奖励。

三、奖励和表彰

（一）“参与奖”“科学达人”“科学之星”“金牌赛先生”的奖励和表彰

凡参与“小试牛刀”环节并答对者，发放价值 10 元 / 人的奖励；凡完成三次闯关的选手均可获得参与奖，发放价值 50 元 / 人的奖励；“科学达人”100 人，发放价值 500 元 / 人的奖励；“科学之星”10 人，发放价值 2000 元 / 人的奖励；“金牌赛先生”1 人，发放价值 10000 元 / 人的奖励。

（二）优秀组织奖

根据全省各有关单位开展本次竞赛的情况，设优秀组织奖若干名（评价标准另行制定）。

四、活动安排

（一）启动阶段（XX 年 XX 月 XX 日至 XX 年 XX 月 XX 日）

1.XX 年 XX 月初，启动“全民爱科学挑战赛”项目推进会。

2.XX 年 XX 月上旬，活动组委会完成本次竞赛的系统研发工作，科学顾问团完成本次竞赛的科学素养知识库 2000 道赛题建设工作。

3.XX 年 XX 月 XX 日至 XX 月 XX 日，江苏省各地区、各单位组织选手开展网上知识学习、储备和竞赛。

（二）初赛与复赛阶段（XX 年 XX 月 XX 日至 XX 年 XX 月 XX 日）

1. 结合“科普云”信息服务系统在省各市布点开展竞赛进社区、进校区等特色活动，不断掀起竞答高潮。

2. 鼓励各单位利用答题系统，采取集中注册、线上线下结合等方式，开展多种形式的专题竞答。

3. 组委会举办“全民爱科学挑战赛”专场活动，开展线下竞答，筛选优秀选手和优秀组织单位。

4. 各地积极收集竞赛中的特色活动案例，在各相关网站上进行宣传报道，并及时将相关资料上报至组委会。

5. 组委会确定初赛成绩前 100 名选手名单，并积极联系以确保复赛参赛人员到位；复赛结束后，确保复赛前 10 名选手参与线下总决赛。为本次竞赛中获得参与奖的选手发放奖励。

（三）总决赛阶段（XX 年 XX 月 XX 日）

组织复赛成绩前 10 名选手参与全国科普日活动，并在活动现场进行总决赛，评选出“金牌赛先生”。现场表彰“科学之星”“金牌赛先生”“优秀组织奖”等获奖个人和单位。

五、活动平台

略。

03

活动保障对活动效果起到了关键作用

我经常参加其他单位组织的活动，心情既轻松又紧张。轻松的原因显而易见：看别人在舞台上忙前忙后，自己只要准时就位，“安静地”坐在规定座位上，先鼓掌后欣赏，结束的时候再和组织者握握手，表达“祝贺啊！”“看，多轻松！”就可以了。至于紧张的原因，我想读者看到这里，心中应当有了自己的答案。像我这样爱操心的人，绝对不可能“安静地”当一名观众或评委。那我都做什么呢？收到邀请函时，我会先看看函里头有没有文字、格式问题，其中的活动内容是否清晰；到了参加活动的那天，我可“忙”了。车辆怎么停放？嘉宾休息室里有没有宣传布置？活动现场的主席台席卡摆放顺序对不对？话筒有没有换过电池？演出人员有没有对接好？领奖人员的上下场口管理如何？这些问题会一个个地在我脑袋中自己跳出来，我难以控制。我知道，这是一种身体记忆或者是一种职业习惯。

车辆保障

为什么把车辆保障写在第一个？因为车辆保障是与活动服务对象的第一次“握手”。这里的车辆包括参加活动的嘉宾车辆、接送活动受众的中大型车辆以及活动组织单位的各种车辆等。首先是合理安排嘉宾车辆，需要预估车辆数量，并结合场地的实际情况落实停放位置。这项工作一般在邀请嘉宾之前完成，尽可能地将定制好的车辆通行证件随邀请函一并送达，并明确告知嘉宾的停车位置。

案例一

某展览会开幕式活动嘉宾参观方案

一、入场

方案一：嘉宾于 XX 点 XX 分之前到达，建议车辆从 11 号门（展馆西路）进入，根据指示牌引导，停至贵宾通道。从贵宾电梯（T03~T05 直梯）上三楼后，右转至贵宾室休息。

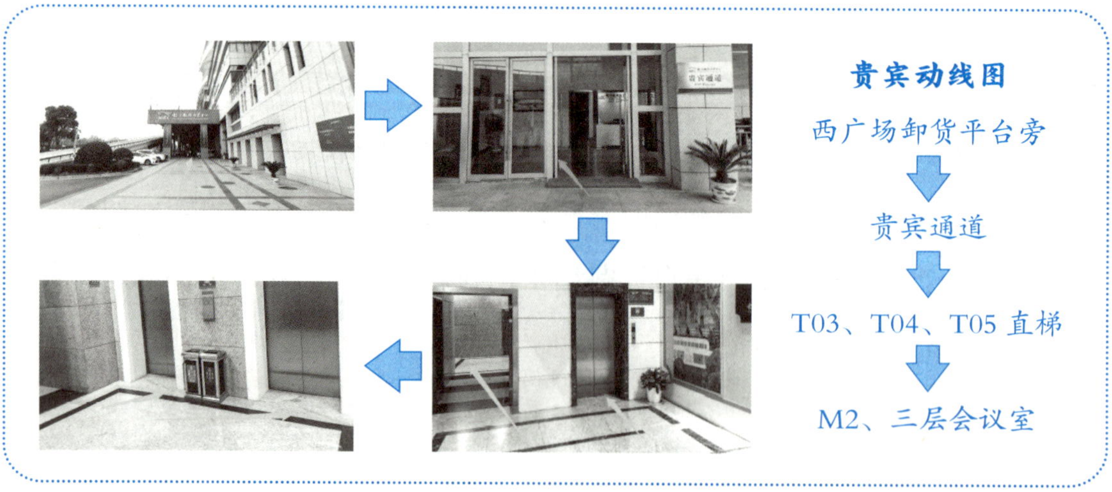

方案二：嘉宾于XX时XX分之后到达，建议车辆从1号门（展馆路）进入，停放至贵宾停车场。根据指示牌引导，步行至南广场，乘坐扶手电梯直接至A厅展馆主舞台区。

二、离场

步行至A馆出口，乘坐扶手电梯至南广场后，乘车离开。温馨提示：请将车辆通行证放置在车辆前挡风玻璃角落，现场有工作人员接待。图例如下：

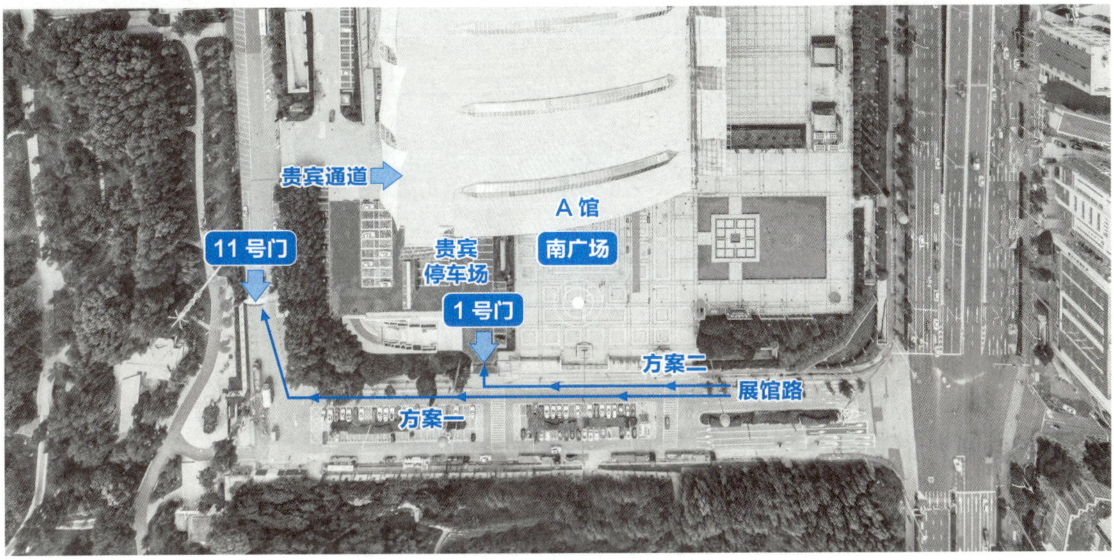

俯视图（南京国际展览中心一角）

其次是根据当地的相关规定安排接送活动受众的中大型车辆。例如，江苏省级单位必须按照江苏省政府采购网某年度《江苏省省级及南京市党政机关、事业单位及团体组织乘用车租赁服务定点采购说明》的基准报价、中标单位等要求，选择合作对象。特别提醒的是，如果接送的对象是较大规模的某校或者某个地区的中小学生，那么还需要与学校进一步确认服务车辆信息，因为大规模的学生乘车活动还需要有交警部门的车辆认证要求。由于公共服务车辆的特殊性，其驾驶员一般在活动开始前1~2天才会得到确认。因此，需要制订相应的车辆保障计划。

案例二

车辆安排表

时间	负责人	服务内容及要求
××月××日	略	A. 手机号码：××，车辆信息 ××（接送任务 1） B. 手机号码：××，车辆信息 ××（接送任务 2） C. 手机号码：××，车辆信息 ××（接送任务 3）
		××辆 ××座大巴，联系人及联系电话（略） ××时××分：某地 1 至某地 2 ××时××分：某地 2 至某地 3

最后是活动组织单位的各特种车辆，包括电视转播车、通信功能车、网络信号保障车、视频拍摄车和舞美道具装载车辆等，可根据实际情况合理安排。需要说明两点：一是在青少年活动开展过程中，安全是第一位的，任何车辆的停放都必须服从安全性这一原则，同时起停过程中需要特别注意周围环境，如果停放在靠近活动现场的地方，请注意用安全格栅围好，放置警示提醒牌；二是现代物流业发展迅猛，因此尽量使用常见物流运输平台进行物资运送，以避免车辆停放难的困扰。

人员保障

活动开展的过程几乎都是人的行为，所以活动的人员保障至关重要。但是，从实际工作来看，人是最不可控的因素。这里一般应遵循 3 个原则。第一，定人定岗原则。按照时间发展顺序，根据岗位实际需要安排人员，做到人在岗、不交叉。必须制定详细的文字方案，根据活动规模，分别召开多次工作协调会议，落实责任人。第二，岗位适配原则。充分考虑人员的专业性、灵活性、机动性等因素，发挥每个人的特长优势，起到“1+1>2”的效果。当然，安排岗位时，尽量尊重每个人的意愿，充分表明每个岗位的重要性，树立其信心，做到一视同仁。第三，核心备份原则。针对关键位置，一般按照 1:2 进行人员配置，以避免重大活动过程中因人员突发状况而带来的困境。

案例

某青少年科技竞赛活动指挥方案

项目	时间	工作内容以及要求	负责人
活动前期			
赛前准备	××月××日	收集回执表，联系各参赛队伍	略
领队会		举行领队会	
参观博物馆对接		与某博物馆对接	
赛题	××月××日	审核赛题，整合专家意见，最终整理赛题	
答题系统测试	××月××日	系统调试，功能完善；各台设备调试，赛题测试	
比赛脚本	××月××日	完成团体赛脚本并打印，与主持人沟通	
安排住宿、车辆	××月××日	确定并安排 ×× 日晚住宿；安排参观某博物馆用车及演出学校车辆接送	

（续表）

项目	时间	工作内容以及要求	负责人
视频解析	××月××日	搜集适合的解析视频并剪辑	略
比赛物料准备	××月××日	准备比赛所用背景板、易拉宝、展板、参赛证等物料，以及专家签到表、主持人手卡、电脑（2台）、席卡、纸、笔等材料	
主持人对接	××月××日	对接确定主持人	
宣传	××月××日	撰写赛前宣传稿	
视频直播与照片拍摄	××月××日	联系媒体部于××日直播比赛，××日晚参加某博物馆照片直播，××日颁奖仪式拍照	
活动当天			
现场设备调试与系统保障	××时××分	系统调试，功能完善，软件测试	略
会场布置	××时××分	布置易拉宝、座椅、桌子、Kt板、桌面席卡等	
主持人对接	××时××分	与主持人对接，协助主持人使用电脑，熟悉活动流程	
彩排	××时××分	决赛预演，主持人参加彩排	
签到	××时××分至××时××分	领队及选手报到，领取活动安排单、参赛证、餐券、胸贴、背心，签安全责任书	
拍摄团队对接	××时××分	与拍摄团队对接（直播、拍照）	
迎接专家	××时××分	迎接专家	
比赛正式开始	××时××分至××时××分：小学组测试 ××时××分至××时××分：小学组比赛 ××时××分至××时××分：中学组测试 ××时××分至××时××分：中学组比赛		
选手集合引导	××时××分和××时××分	小学组及中学组比赛前，维护赛场外选手秩序，引导选手就座	
现场设备调试与系统保障	××时××分和××时××分	协助选手登录账号，解决比赛过程中出现的设备及系统问题	
转场	××时××分	小学组结束，中学组转场，整理桌椅及桌面席卡	略
宣传	××时××分	撰写赛后新闻稿	
用餐1	××时××分	安排酒店工作人员及嘉宾工作餐	
用餐2	××时××分	参与彩排的学生用餐，点餐至电视台联系人	

（续表）

项目	时间	工作内容以及要求	负责人
外出参观			
小学组集合	××时××分	酒店一楼大堂集合，××时××分准时发车。小学组分两组，第一组负责人A，第二组负责人B。××时××分至××时××分食堂用餐，××时××分至××时××分活动，计划××时××分返回酒店。所有行程尽量提前。	略
中学组集合	××时××分	酒店一楼大堂集合，××时××分准时发车。负责人C。××时××分至××时××分食堂用餐，××时××分至××时××分活动，计划××时××分返回酒店。所有行程尽量提前。	
照片直播	××时××分至××时××分	全程活动照片直播	
颁奖仪式（重点项目单列）			
前期沟通			
场地沟通	××月××日	沟通要求	略
颁奖证书	××时××分	准备相关证书（道具）	
获奖人员通知、邀请	××月××日	联系获优秀组织奖学校教师领奖	
颁奖仪式引导牌、休息室布置	××月××日至××日	现场引导、布置展板等	
颁奖仪式视频制作	××月××日	回顾录像	
颁奖仪式节目协调	××月××日前	节目协调、电视台编排	
颁奖主持词等材料送审	××月××日	送审相关材料	
活动嘉宾邀请	××月××日	邀请相关领导、专家出席颁奖仪式	
彩排	××月××日	彩排，把控彩排流程、效果	
宣传报道	××月××日	撰写预热稿、新闻稿	
节目执行与录制	××月××日	节目执行与录制	
现场执行			
现场彩排指挥	××时××分至××时××分	彩排及正式颁奖仪式	略

（续表）

项目	时间	工作内容以及要求	负责人
酒店集合（颁奖人员）	××时××分	参加颁奖及互动人员酒店集合前往电视台	略
酒店集合（观众）	××时××分	观众集合分两批前往电视台	
安排就座	××时××分至 ××时××分	协调引导各队就座	
嘉宾观众座位图、席卡	××时××分至 ××时××分	确定嘉宾就座位置、背贴	
颁奖礼仪及顺序	××时××分至 ××时××分	彩排及正式颁奖，组织颁奖礼仪，确定领奖人员的上台顺序	
现场秩序维护	××时××分至 ××时××分	维护秩序，机动配合	
媒体接待及直播照片对接	××时××分至 ××时××分	接待媒体记者，对接直播照片	
专家接待	××时××分至 ××时××分	接待专家	
颁奖仪式后			
奖品发放	××时××分至 ××时××分	发放奖品	略
返回酒店	××时××分至 ××时××分	人员乘大巴返回酒店	
表彰文件、证书发放	××月	完成表彰文件，核对获奖名单	
资料上传网盘	赛后	将相关材料上传至指定网盘文件夹	

医疗保障

关于活动开展时的医疗保障，希望每一位活动组织者都能万分真诚地对待。事实上，开展 100 次活动可能都不会出现 1 次保障问题。但如果没有这方面的任何准备，当问题真的出现时，后果不堪设想。当然，我希望活动组织者永远不要遇到这种情况。除了在活动开展期间为参与对象购买一定的人身意外保险并配上药箱之外，还需要落实离活动现场最近的三级甲等医院及儿童医院的位置，并将信息写入活动总方案。如果有条件，可以配备医卫人员（校医亦可）在现场提供医疗支持。这里要特别提醒三点注意事项。一是青少年是未成年人，一旦有就医需要，应尽一切可能要求其监护人或者教师陪同前往。如果其监护人不能及时陪同，请保障在其就医期间与其监护人保持联系，及时将孩子的诊断情况予以告知。在孩子需要进行身体检查，例如 CT、核磁共振等，或者需要服用某些药物时，应事先征求其家长的意见，切不可有所隐瞒。二是如果涉及校园外的科普活动，需要进入某个科普教育基地或某个公共场所时，请仔细检查活动期间沿线可能路过的水面、障碍物等，进行隐患排查，确保指示标志到位。三是教师往往是青少年参与活动时的主要陪同人员，因此活动组织者应通过发微信、邮件等多种方式，提前告知教师离活动现场最近的医疗中心或医院的位置。再三提醒：医卫问题的发生往往都是一瞬间，发生之后，活动组织者应保持冷静，先不要去追问情况发生的原因，而是应积极面对并解决，永远把人员的生命健康放在首位，事后再对事件做进一步的分析与总结，避免再次发生。医卫保障还应该包括现场环境的整体安全。组织大型群体性活动时，还需要制定公安、消防等系列保障方案。

案例一

青少年活动常用药箱

日常青少年活动开展期间，可以配备实用药箱，里面放置创可贴、烫伤膏、人丹、花露水、风油精等，以及一些常见的儿童感冒药、退烧药、咳嗽药、止泻药等。应时常检查药品，防止其过期，并做好药品使用记录管理。

案例二

某青少年科学博览会人员安全保卫应急预案

为了加强和规范科学博览会的安全管理，贯彻“安全第一，预防为主”的工作方针，保证活动顺利开展，时刻准备应对突发事件，有准备、有步骤、有组织地应急解决，特制订本预案。

一、成立应急指挥部

总指挥：略。

现场负责：略。

二、险情（火情等）应急措施

1. 现场由现场总指挥任险情（火情等）扑救总指挥，指定就近灭火、疏散。物资保障人员立即赶赴第一现场，采取应急处理措施。

2. 现场每个功能区设置安保人员，无论何时发现险情（火情等）、燃烧异味、异响及不正常热感应，负责检查是否属险情。如属火情，应立即联系消防部门，或就近向消防控制中心或保卫人员报警，说明火情发生的具体地点、燃烧物质、火势大小等。

3. 如火情不能控制，必须迅速拨打“119”请求援助，同时启动应急方案，及时向上级领导和主管部门报告事故情况，协调应急行动中所需的人力、物力、财力，随时掌握事故的状况。

三、医疗救护

1. 如发生医疗问题，第一时间拨打“120”“110”请求救援。

2. 在外部救援人员未到达前，由现场医护人员进行紧急处理，对受伤者进行必要的抢救（如人工呼吸、包扎止血、防止受伤部位受到污染等），并及时将受伤者送往就近医院（如某儿童医院）抢救;

3. 协助外部救援人员迅速转送受伤者至医疗机构，并指定人员护理受伤者。

四、参观规定

1. 安全参观——参观者必须切实维护自身安全; 未成年人必须由成年人(监护人）陪同参观，保障人身、财产安全。

2. 有序参观——参观者应依次排队，经预检、安全检查后进入展馆；不接受检查的，组织者可拒绝其入内。

3. 禁带物品——除不得携带我国法律法规禁止的爆炸性、易燃性、放射性等危险物质、管制器具等物品外，参观者也不得携带可能妨碍他人参观、造成他人人身伤害或财产损失、扰乱展区秩序和危害展区安全的物品。

4. 文明参观——参观者须遵守公共秩序，有序参观展馆，并遵守展馆和活动场所的有关规定，听从工作人员的引导，并严禁在展区内吸烟。

5. 摄像、摄影、录音规则——参观者应遵守展馆内有关摄像、摄影、录音的规定，避免因摄像、摄影、 录音而妨碍展览活动的正常进行，或影响他人的正常参观。

6. 参观服务——展馆内设立参观者服务点，为参观者提供信息问询、物品租赁、失物招领、医疗急救、走失人员协助等服务，并受理参观者投诉。

7. 特别提醒——场馆内最多容纳 XX 人，如遇观展人流高峰，出现大面积排队现象，为确保良好的观展体验效果，现场将采取限时限流的管控措施；参观者应配合现场工作人员并合理规划参观时间。

五、通信应急电话号码

火警电话：119。

急救电话：120。

安全保护：110。

责任人及联系方式：略。

餐饮保障

兵马未动，粮草先行。吃饭的事情从古至今都是大事。活动期间不可避免的项目就是用餐，而且往往不只涉及一顿饭，当然要安排妥帖。那些长期开展科普活动的团队应有固定的“司务长”。这里我有两个小经验与大家分享。第一个经验是餐饮工作最好固定安排某一位同志长期负责。因为这一来可以提升他 / 她对活动就餐人数的预估水平，避免发生食物浪费；二来可以让其对用餐标准、报销流程等烂熟于心，提高工作效率。第二个经验是计算用餐人数时，可用以下公式：

活动第一顿饭的人数 =（报名人数 + 工作人员人数）× 110%

活动最后一顿饭的人数 =（报名人数 + 工作人员人数）× 80%；如果是晚餐，那么人数可以再减半。

餐饮时长一般安排在60分钟左右，以自助餐、盒饭为主，尽量不要安排桌餐。

如果用餐时间紧张，且用餐地点不适宜，可统一为青少年选购汉堡、面包等食物，也别有一番滋味。请注意，这里说的“汉堡”就是指单个汉堡，不是汉堡套餐，否则食物分配过程漫长，反而耽误时间。

案例

食品安全应急处置预案

为快速、有序且正确地处理活动期间可能发生的食品安全事故，特制订本预案。

一、成立食品安全事故应急领导小组

组长：略。

成员：略。

二、职责说明

首先做好进场食品资质核验。安全事故发生后，领导小组各成员按各自职责开展应急处置。

（一）先期处置

组长、组员负责保护事故现场并立即上报情况，封存造成或可能造成食品安全事故的产品及其他物品。组织回收已使用的造成食品安全事故的其他原材料。立即将中毒人员或食用过同样食品者送往就近医院（如某儿童医院）进行救治，降低事故的危害性。立即通报活动现场，通知参与者立即停止食用可疑食品或饮品，并保留好可疑物，供医疗机构检验查明原因。

（二）医疗救护

组员立即联系驻会医生，让医疗救护组迅速开展医疗救治工作，并拨打

“120”或组织其他车辆将受伤者立即送往就近医院，协调救治过程中的所有工作。

（三）维护秩序

组员负责事故现场的安全保卫。立即和安保人员沟通，维护现场秩序，防止群体性事件发生，并报告相关部门介入现场调查取证。必要时，封闭或者限制进入相关食品的销售场所，防止事态进一步扩大。

（四）发布信息

组织单位统一负责制定信息发布方案，统一整理相关信息，经领导审核同意后向社会发布。

场地保障

活动场地是活动开展期间的主要空间，一般由主会场、嘉宾休息室和展览展示区域等若干空间组成。主会场涉及氛围营造、舞台舞美、受众席排位、活动区域设计等工作。嘉宾休息室的安排一般遵循就近原则，保障嘉宾前往主会场的便捷性。有的活动还会有展览展示区域，可能是展览馆里的专业展览，也可能是校园科普文化实景，这些都需要根据具体活动内容进行设计。但原则上，活动组织者必须现场实地考察上述地点，计算各个环节所需的时间。很多时候，活动场所往往不只一处候选地，特别是较大规模的活动，需要有1~2个备用场地方案。

主会场的选择应考虑适用性、经济性、安全性及便利性四方面。首先，要能够满足活动开展需要，但也不要过犹不及。例如，举办青少年科普剧展演和开展科学家报告会的场地需求肯定不一样，舞台也并非越大越好。空旷的场地看上去确实比较大气，但是如果设计的舞台表演人数较少，反而会“泄气”。相反，如果有超过20人的展演项目，那么选择8~10米宽的常规演讲型舞台就不合适了。活动组织者应当对所在地区常规活动组织地点的适配度了然于胸。经济性也是主会场选择的一个重要因素，通常综合酒店的大型会场的租赁费用至少1万元，多媒体设备的使用费用还另算。我建议可以多考虑一些符合条件的科普教育基地作为主会场，因为这些场地不仅与科学教育主题相匹配，而且价格更为合理。如果要充分考虑场地的安全性，最好的选择是大型校园，因为学校在日常安保工作中通常做得比较好。在安全性方面，还会涉及青少年的住宿需要。活动组织者事前一定要前往酒店进行安全检查，特别要注意电梯安全、走道安全和房间内部安全，楼层尽头的窗户与安全门也要提前查看。通常情况下，我们会要求酒店将学生用房尽可能地集中在一层或者是上下几层内，并在内不放置任何消费品。这里有个小技巧：因为酒店的退房时间大多是次日12时甚至是14时，所以参与人员报到时往往不能第一时间获得当天住房的信息，那么组织者可以要求酒店开放1间小会场，供参会人员休息和暂时储藏行李，或者是分地区提供1~2间房间，供参赛人员休息，缓解压力。便利性的问题也是需要重点考虑的。如果没有统一车辆接送，又涉及外地学生活动，那么住宿地点和会场地点的地理位置就显得比较重要了。我们一般会选择地铁沿线的地方，方便参与人员乘坐公共交通出行。另外，主会场与停车场之间的距离也需要充分考虑，这里还是遵循就近原则。如果步行时间超过10分钟，需要安排区域接驳车往返接送。

选定主会场后，就要着手落实整体安排了。此时，需要一张主会场的平面图，上面标明场地整体尺寸、舞台区域大小、观众座位图和进出口位置。环境氛围的营造根据实际需求和经费预算开展，至少要保证有本次活动的主题背景板、主横幅、回头标等基本元素。较大型活动更要配有媒体采访区、地贴、道旗引导等。青少年科普活动的主背景一般以蓝色、红色或者绿色为主，上面标明活动名称、主办与承办单位信息、时间与地点、活动标语、标志等信息。特别提醒:

有些活动会有多个主题，活动名称会含有“暨”字，一般情况下，尽量将名称一行排列，如果需要两行排列时，应将该字放在第二行首。横幅一般为红底白字，在没有经验的情况下，切勿选择彩色打印，因为喷绘布的展示效果通常没有电脑显示器的展示效果好。为增强青少年活动的轻松性，一般还会设计若干打卡拍照造型、合影背景板等。如果要设计合影环节，应提前安排好合影座位（背贴、地贴和椅子等）及拍摄工作人员。

舞美设计要以节俭为原则，满足活动要求即可。一般会场的舞台灯光及音响都能够满足日常会议和简单演出的需要。如果想进一步提升演出效果，可适当增加灯光和音响矩阵。这里补充一点：舞美设计还是要强调安全问题，无论是布置 LED 屏还是灯架，都需要增加安全保护栏及配重，有条件的情况下，安排安保人员。

彩排工作作为全面落实活动流程的重要环节一定要有。这个环节应留意礼仪人员的站位、领奖人员的上下场、舞台背景的切换、音乐音量的大小等多个细节。如果是科技类竞赛活动，还要考虑答题系统与现场网络流畅度的问题。在活动开场前，应再次检查话筒电量，以防万一，可在开场前统一更换新电池。这里补充一个小经验：当舞台上没有设置任何讲台时，应为讲话人配立式话筒（注意嘉宾身高），尽量不选用手持话筒。当舞台上设置了独立讲台时，可以用桌式话筒，也尽量不选用手持话筒。当舞台上设置了主席台时，尽量保证讲话人面前都有桌式话筒。

活动的启动仪式尽量化繁为简。市场上的广告公司会提供形式多样的启动仪式设计方案，例如激光效果、干冰喷洒效果、倒沙鎏金效果、推杆百叶窗展出效果等，组织者可结合活动实际需要进行选择。但无论采用哪种方案，一定要注意不可淡化活动主题，因为启动仪式一般起到画龙点睛的作用，所用道具并非越复杂越好。首先，道具的选用须满足可靠性原则。试想一下，如果道具在实际演示时“哑了火”，就可能让启动仪式成为整个活动的败笔。其次，还要考虑道具上下场的便利性。如果舞台较高，道具较重且布场时间较长，应重新考虑其他道具。补充一个小经验：在举办大型活动时，我通常会额外准备一套最简单的启动道具，即“手掌按压灯柱 + 背景掌印动画”。若原先方案的彩排效果不佳，可立即替换备份道具。

观众席和展览展示区域的设计应根据实际情况安排，充分考虑人员的流通性及活动效果。在座位安排上，一般情况下尽量让上台参与活动的人员集中就座，以方便统一管理。其他观众的座次排序：青少年优先，媒体居中，陪同人员靠后。

对于嘉宾休息室，通常应提前 30 分钟打开室内灯光、空调，准备好饮用水，还可以在室内循环低声（有字幕时可静音）播放活动介绍音（视）频，放置活动展示板或者宣传页、组织单位信息页等。特殊情况下，嘉宾休息室还可作为活动结束后部分嘉宾的用餐场所。根据实际需要，可安排题字、合影等。

展览展示区域的设计也应根据具体情况安排，还是以安全为第一原则，尽量避免铺张浪费。

案例一

座位安排图

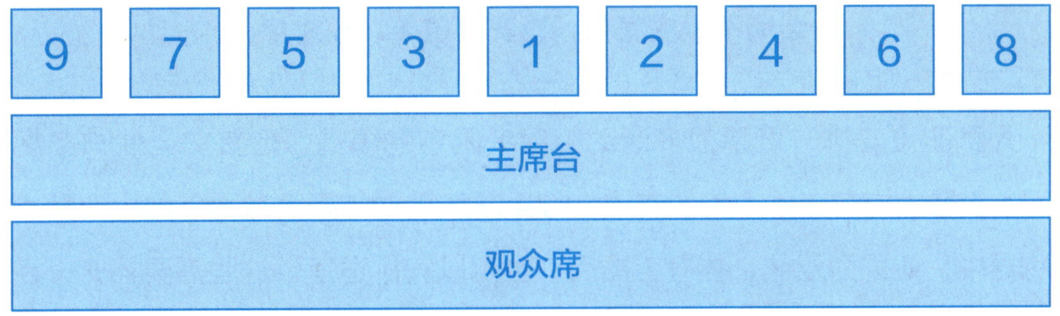

会场设主席台且嘉宾人数为单数时的排序

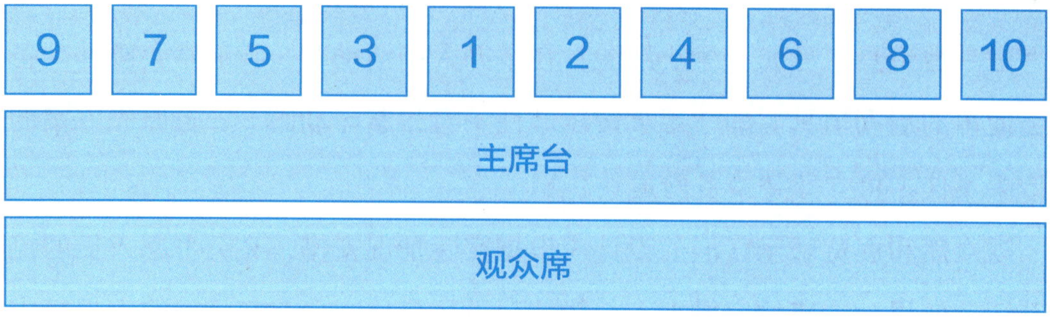

会场设主席台且嘉宾人数为双数时的排序

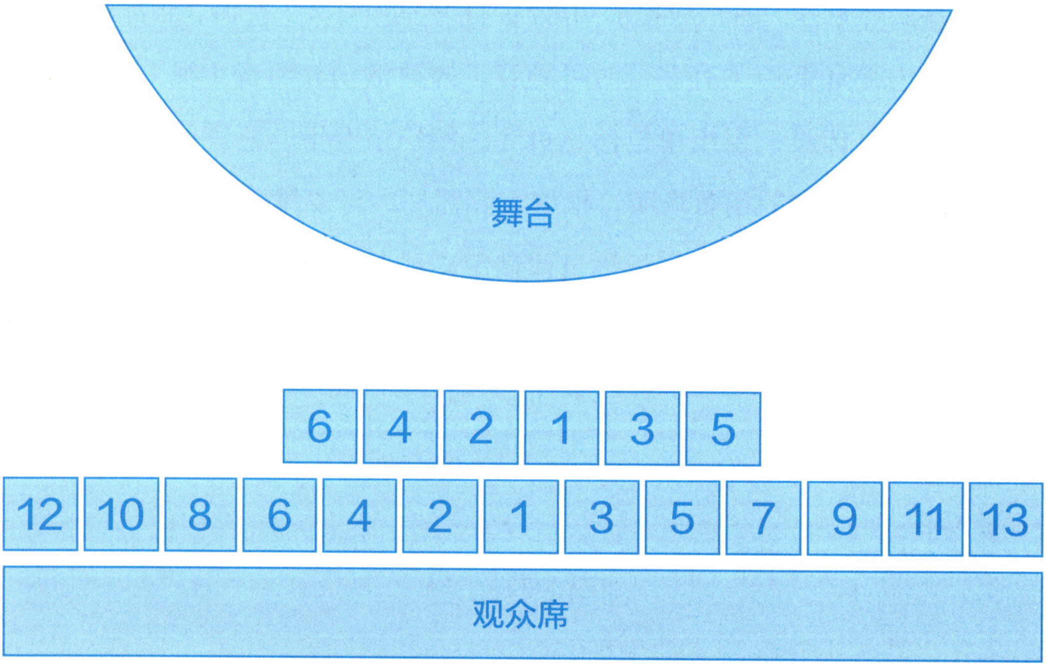

会场不设主席台，嘉宾座位单、双排序

人员座位安排一直是很多活动组织者困惑的事情，但其实记住一条规律即可：2 号人物在 1 号人物的左边。如果参加活动的嘉宾数为单数，自然 1 号人物居中；如果为双数，参考上图后，也可以安排适宜。这里需要补充一点：嘉宾数为双数时，1 号人物相较 2 号人物的位置更居中安排较合适。

案例二

颁奖站位图

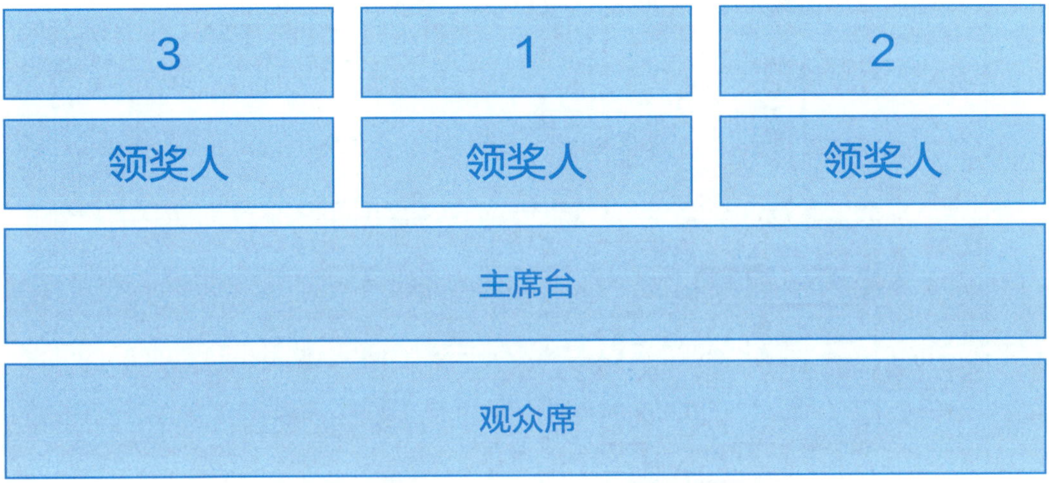

颁奖嘉宾人数为单数时的站位

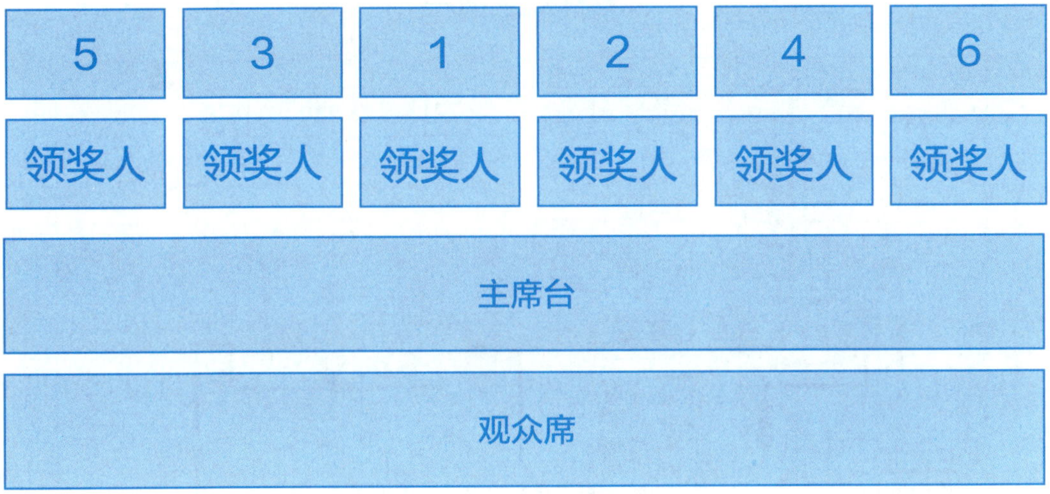

颁奖嘉宾人数为双数时的站位

案例三

同一个活动中长、短两条参观动线图

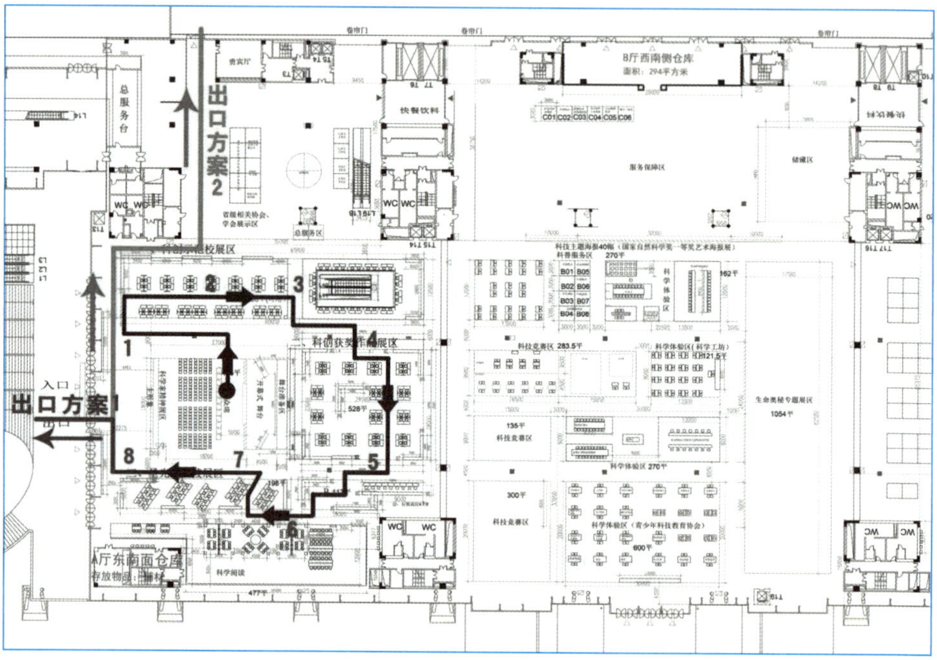

参观动线图一

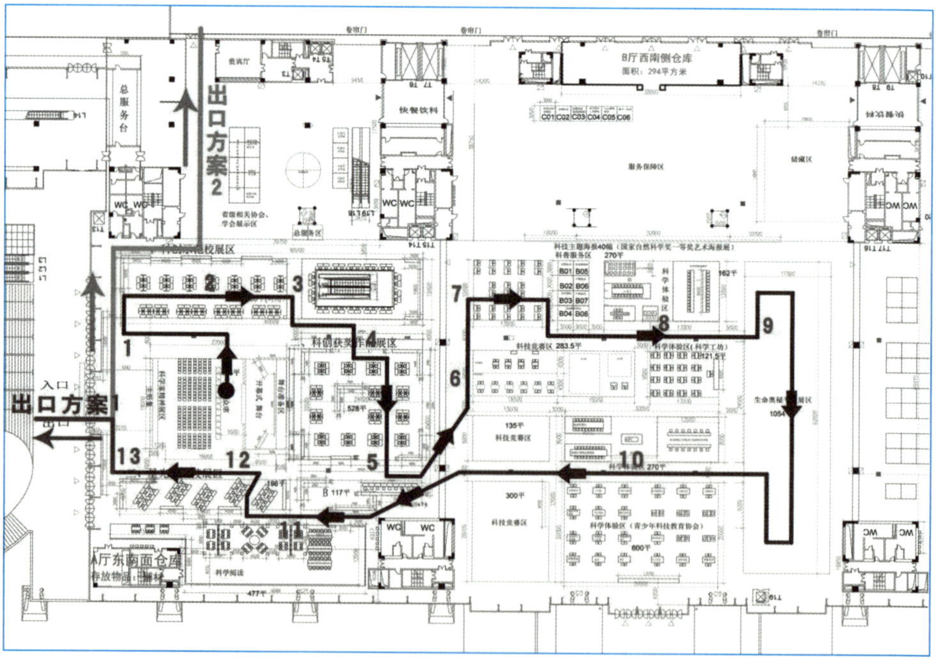

参观动线图二

宣传保障

对青少年科普活动的宣传再热烈也不过分，如今早已不是“酒香不怕巷子深”的时代。活动宣传的过程本身就是科普的过程，应当把省、市、县（市区）的融媒体中心都调动起来。科技条口的信息受到诸多媒体的高度关注，特别是围绕青少年开展的有特色的科普活动更值得大力宣传推广。在宣传方面，我有12个字想与科普工作者共勉：善于总结、善于提炼、善于宣传。在多年的校园科普活动开展过程中，我有幸了解到江苏省一些地区（学校）的科学教育工作的创新做法、特色亮点以及取得的显著成果。不积跬步，无以至千里。一个好的科普教育品牌，需要迈着扎实的步伐坚毅前行，同时也需要积极正面的宣传。这种宣传不能仅停留在利用新闻平台发布活动通稿，而应在活动策划之初就邀请专业宣传人士介入，实施全链条的浸入式“包装”，发挥群策群力的作用。因此，建议单独定制重大活动的宣传方案，确保相关责任单位和责任人落实到位。我这里有个现场小经验与大家分享：在大型活动开展前，组织者可提前制作采访清单，包括宣传热点、采访大纲、采编记者信息表、可受访者信息表和采访安排。提前准备的好处不言而喻。在活动开展的实际过程中，宣传工作与活动的重要环节会有交织，如果媒体与受访者众多，组织者即便有三头六臂也会疲于奔波。

案例

某省级科普活动宣传方案

一、拟邀请媒体（以江苏省为例）

邀请中央广播电视总台、《人民日报》社、新华社、《光明日报》社等中央媒体驻苏机构参与报道；邀请《新华日报》《扬子晚报》，省电台、省电视台，“学习强国”江苏学习平台、江苏文明网、江苏教育新闻网，交汇点、荔枝新闻，“科学少年社”微信公众号等报道消息。

二、报道时间安排

（一）预热阶段（XX 月 XX 日至 XX 月 XX 日）

1.XX 月 XX 日起，打造“科学号”地铁车厢，利用车厢内的车窗贴、拉手、椅侧贴、车门贴、广告板等，预告宣传活动的举办时间、地点、主题和内容。

2.XX 月 XX 日起，在 XX 等新媒体上推送宣传海报。

3.XX 月 XX 日，召开活动新闻发布会，介绍活动整体情况。

4.XX 月 XX 日，XX 媒体要闻版面对活动进行全面整体宣传；XX 月 XX 日—XX 日，XX 媒体将在封面位置持续刊登活动宣传海报。

5.XX 月 XX 日，在 XX 媒体上刊发青少年科技创新教育综述。

（二）活动开展阶段（XX 月 XX 日至 XX 月 XX 日）

1.XX 月 XX 日上午，邀请 XX 媒体探馆采访。

2.XX 月 XX 日上午，邀请 XX 媒体参加在场馆举办的活动启动仪式，并在当日电视及新媒体平台推出新闻报道，次日推出纸质报道。

3.XX 月 XX 日，邀请 XX 等媒体推出活动相关专题采访报道。

4.活动期间，组织现场直播，并联动 XX 媒体平台同步直播。

（三）活动结束阶段（XX 月 XX 日）

请 XX 等媒体推出活动各方面的反响报道。

三、相关事项

邀请参与活动报道的媒体于 XX 月 XX 日下班前将参与报道人员名单发至某处。联系人及联系电话：略。

四、采访人员信息

序号	姓名	参与项目	单位及职务	联系电话
1	A	省级科技综合示范校	×× 学校校长	略
2	B	舞台科学秀	×× 高校专家	略
……				

04

活动的步骤和过程再详细也不过分

可操作性是活动实施的关键要素。一般在方案里，活动的步骤和过程会以“时序进度”“实施方案”等形式出现。这个板块体现了活动组织者对全局把控的程度，是贯彻落实活动指导思想的保证。如果说指导思想需要高度概括，那么活动步骤就要展开说说了，要让参与的单位或者个人都能明白实施过程，以便更好地完成方案目标。在实际操作过程中，即使是有经验的活动组织者也难免会出现“茶壶里煮饺子——肚里有货，嘴上却倒不出来”的情况。“我知道，我以为你也知道”这句话一说出口，大家通常会陷入沉默。破局的办法唯有在方案制订过程中尽可能详细。如果实在把握不准，可多召开几次方案讨论会，集思广益。

您觉得要成为一个合格的活动组织者，究竟是情商更重要，还是智商更重要？在我看来，情商比智商重要。这体现在能把控全局，对突发状况处理得游刃有余，能把各种资源像石榴籽一样紧紧地聚集在周围。情商太重要了！这里我想说一些工作小技巧：在讨论方案的时候，建议用“关于实施过程，我说得还清楚吗？”替代“大家清楚了吗？”，这有助于和谐团结；供会上讨论研究的活动方案，可在其名称前加上“讨论稿”“审议稿”等字样，这既谦逊又有助于方案的调整和改进。

案例一

某小规模青少年科普阅读活动方案

序号	事项	内容	完成时间
1	主持人脚本	准备主持人台词脚本	每项完成的具体时间
2	物料制作	对接制作活动背景图、“我最喜爱的科普科幻图书”展板	
3	奖品采购	购买作家推荐图书	
4	推荐图书	统计票选的图书推荐单	
5	场地布置	确定进场布置时序	
6	媒体直播	落实现场直播平台和媒体	
7	新闻报道	对接新媒体联络人，确认新闻报道	

上面的案例是事项不多、规模较小的科普活动，因此就事论事地安排活动流程较为妥帖。如果是大型活动，例如区域性的科学节、科学博览会等，就需要定人定岗才能更好地保障活动效果。例如下面的现场工作方案，要求在某段时间内，利用大型展览会场开展对公众开放的综合科普活动。此时的活动方案应如同实地操作手册一般。讨论方案的过程即活动预演的过程，需针对每个区域和岗位，尽可能详细地描述岗位职责和任务。

某青少年科创成果博览会现场工作方案

指挥领导名单（略）										
序号	项目组	岗位内容	岗位位置	岗位要求	准备物资	岗位人数	责任人及电话	工作人员	备注	组长
1	布展组	各展位	规划点	××日××时××分至××时××分 ××日××时××分至××时××分	各展位展陈布置	若干	略	若干		略
2	网络馆组	各展位	规划点	××日××时××分至××时××分	拍摄设备	若干		若干		
3	安保组	检票员	A厅门口检票处	设置2个安检口，出示预约码可以进入；团体邀请可以进入；现场人流量不超现场预约可以进入；持证可以进入；持邀请券可以进入；参展人员可以进入。注意控制人流量（随时报告进场人次。场馆超过××人，减缓进场速度；超过××人，停止进场，启动B厅餐饮区后场人流疏散通道）	手机、充电宝（2个）、二维码牌子、手台、大型垃圾桶	4		工作人员1—4号	××日××时开始，注意配合嘉宾进场，跟嘉宾说明开幕式在主舞台区	
		盖章员	A厅出口处	引导进场方向（只出不进）	手电筒、手台	2		工作人员5—6号	张贴安全应急预案，确认大型责任险是否生效，每日专人对接安保人员	
		安全巡查员	成果展	安全巡查，游客疏导，处理咨询疑问（处理不了的，迅速向服务台报告）	巡查记录本、笔、现场图	2		工作人员7—12号		
			竞赛与体验			2				
			舞台与展商			2				
		疏散员	体验区	引导非预约观众迅速进场	攻略手册、喇叭（4个）	6		工作人员13—18号		

（续表）

序号	项目组	岗位内容	岗位位置	岗位要求	准备物资	岗位人数	责任人及电话	工作人员	备注	组长
3	安保组	调度与展商组	服务台	服务展商（提供展商证、订饭，有其他需求与服务台对接），负责医疗点、临时收银、失物招领、应急广播等工作	展会所有物资分发处：POS机、备用收款机（2台）、收据、笔	4	略	工作人员19—21号（配财务人员每日对账）	张贴安全应急预案，确认大型责任险是否生效，每日专人对接安保人员	略
4	餐饮组	总厨	用餐区与零食区	负责布展2天与展会3天工作人员午餐。现场销售，提供饮用水，提前预订团队餐	每日预订盒饭数据统计表、餐票、垃圾桶、手台	3		工作人员22—24号	张贴食品安全应急预案	
5	活动组	综合	体验区	负责木工大赛，开展整个实验操作，保障互动体验安全有序	配备医药箱：创可贴、烫伤膏	6		工作人员25—30号	熟知场区应急预案	
		金钥匙		负责预约核对、引导、拍照等	物资材料	3		工作人员31—33号		
		协会		配合协会开展活动组织	现场物资、手台	2		工作人员34—35号		
		讲解员	科普展区	讲解、引导，维持比赛秩序	要求手册、手台	10		专业展览讲解		
		竞赛区专员	竞赛区	负责协会比赛以及青少年人工智能、无人机、仿生机器人、校园之间等比赛	手台	5		工作人员36—40号		
		悦读区专员	悦读区	负责控制人流量、书籍防盗与管理维护	备案本、笔、手台	3		工作人员41—43号		
		主舞台区专员	主舞台区与学会展台	负责控制人流量、科普讲座活动协调与维持表演秩序	备案本、笔、手台、椅子（200把）	5		工作人员44—48号		

（续表）

序号	项目组	岗位内容	岗位位置	岗位要求	准备物资	岗位人数	责任人及电话	工作人员	备注	组长
6	宣传组	宣传	展会全场	负责直播，收集各区视频资料，摄影、采访、新闻报道及专刊工作	物资、证件、门票	10	略	若干		略
7	文秘组	文字	展会全场	负责开幕式PPT、启动动画、展会文件整理归档、优秀参展商收集	材料电子版	1		工作人员49号		
8	会务组	后勤	酒店与现场	接待嘉宾，安排参展人员的住宿、用餐、车辆		4		工作人员50—53号		
9	协调组	协调员	展会全场	协调与应急处理	手台	2		工作人员54—55号		
10	开幕式活动组	重点时刻	活动现场	彩排、巡馆、布场	大屏等	若干		区域负责		
				彩排、布场				相关单位		
				暖场演出						
				接待嘉宾	A厅与主舞台区之间物资					
				负责开幕式各环节	舞台物资					
				巡馆：路线二组备份						
注意事项	1. 领导值班安排：略。总协调人：略。 2. 每日××时前，工作人员于服务台签到；××时××分至××时××分为展商和工作人员进场时间；××时××分之后停止进场，各组准备清场。每日安保组负责闭馆前的清场工作。每日展会结束后召开当日工作总结会。									

第二篇

如何
整合社会资源

01 此刻是科学教育最好的时代

02 科学课程标准与公民科学素质内涵都在发生巨大改变

03 找到最合适的社会资源而并非最好的

TWO

科学素质是国民素质的重要组成部分，是社会文明进步的基础。公民具备基本科学素质是指崇尚科学精神，树立科学思想，掌握基本科学方法，了解必要科技知识，并具有应用其分析判断事物和解决实际问题的能力。[1] 青少年是国家的未来、民族的希望。培养青少年的科学素质已被纳入公民科学素质建设的核心目标。我们应坚持以习近平新时代中国特色社会主义思想为指导，厚植创新发展沃土。

我国科学教育的主体包括学校、家庭，以及相关场馆、企业、社会团体、高校、科研机构、政府部门等，但校内外科学教育主体缺乏协同整合意识，难以发挥资源共建、协同育人的合力[2]。新时代科技创新人才的培养已经到了要转变思路的时候。社会资源整合的手段不再是几个相关部门联合发文，而是精选优质资源，聚焦青少年成长，落实具体的合作计划，制订有效的绩效考核目标。科普活动的策划开展不再以单纯的科学知识传播与关注竞赛结果为导向，而是注重学习过程中科学精神与科学思想的培育。科普服务的有效配送不再是指自上而下大水漫灌般的“倾倒”，而是指由点到面的精准施策与持续发力。

01

此刻 是科学教育最好的时代

2016 年 5 月 30 日，习近平总书记在全国科技创新大会、两院院士大会、中国科协第九次全国代表大会上提出的科技创新与科学普及“两翼理论”石破天惊，自此拉开了新时代科普工作繁荣发展的序幕。经过 5 年的实践沉淀，迎来了 2021 年这个对于科学教育十分重要的年份。国务院印发了《全民科学素质行动规划纲要（2021—2035 年）》，首次提出了“构建国家、省、市、县四级组织实施体系，探索出‘党的领导、政府推动、全民参与、社会协同、开放合作’的建设模式”，要求“坚持协同推进”，对各级政府强化组织领导、政策支持、投入保障，激发科研院所、科学共同体等多元主体活力，充分利用科技馆、博物馆、科普教育基地等科普场所广泛开展各类学习实践活动，推进社会化科普大格局形成。同时，对“加强对科普基础设施建设的统筹规划与宏观指导”“创新现代科技馆体系”“大力加强科普基地建设”作了明确规定。同年，《关于进一步减轻义务教育阶段学生作业负担和校外培训负担的意见》《关于利用科普资源助推“双减”工作的通知》相继公布，影响至今。江苏省也在同年发布了《江苏省全民科学素质行动规划（2021—2035年）》：在“实施青少年科学素质提升行动”中，明确要求完善校内外科学教育联动机制，加强青少年科普体验阵地建设；在“实施科技资源科普化工程”“实施科普基础设施建设工程”中，提出“普惠共享、分类施策、精准泛在、协同增效”的要求；在创新现代科技馆体系建设方面，提出了省域规划具体布局，即“以综合性科技场馆为龙头，以专业科普场馆、网上科普馆、流动科技馆为骨干，以各类科普基地为支撑，以基层科普设施为补充的现代科技场馆体系”，并“构建‘馆校结合’长效机制，推动科技场馆和科普基地的优质科普资源、活动、项目与学校科学教育双向融通”。[3] 文件强调了普惠开放与公益性引导，为组织保障、条件保障、机制保障落实了牵头单位。

2022年，国家层面的《关于加强小学科学教师培养的通知》《“十四五”国家科学技术普及发展规划》《关于新时代进一步加强科学技术普及工作的意见》陆续发布，明确2025年我国公民具备科学素质的比例超过15%的目标，对全社会共同推动科普氛围形成、科技创新与科学普及同频共振表现出强烈的决心。党的二十大如同一剂强心针，指出了“教育、科技、人才是全面建设社会主义现代化国家的基础性、战略性支撑”，为新时代科普工作再一次指明方向。加强国家科普能力建设，深入实施全民科学素质提升行动再也不仅仅是口号而已。

2023年，教育部等十八部门联合发布了《关于加强新时代中小学科学教育工作的意见》，首次正式提出“用好社会大课堂”的具体要求，明确规定学校“结对1所具有一定科普功能的机构”“组织中小学生前往科学教育场所，进行场景式、体验式科学实践活动”等，强调要加强师资队伍建设，发挥教师主导作用。同年，江苏省印发了《关于新时代进一步加强科学技术普及工作的实施意见》，强化了科普场馆和基地围绕科技资源科普化、科普资源共享等开展工作，并首次提出了“推进江苏省自然科学技术馆建设”的要求，明确了科普教育基地的建设、管理及运维的绩效评估标准。

2024 年 1 月，浙江省教育厅等十四部门《关于加强新时代中小学科学教育工作的实施意见》重磅出台，率先提出将整合校内校外资源，加强中小学校与高校、科研院所、科技场馆、科技企业园区等校外资源的联动，开拓中小学生的科学视野。特别值得一提的是，该意见明确指出将“统筹全省科学家、科技工作者、专家和学者资源，组织 1000 名科学家（含科技工作者）担任中小学校科学副校长，实质性开展科学家精神宣讲教育”，还将设立 10000 个青少年家庭实验室，用好社区青少年宫，打造“家门口”科学教育阵地。

02

科学课程标准与公民科学素质内涵都在发生巨大改变

21 世纪以来，小学科学教育发生了三次重大变革。第一次是 2001 年《基础教育课程改革纲要（试行）》颁布，标志了小学科学课程跨越强调学科知识的时代，进入强调以科学探究为核心目标的新纪元。第二次是 2017 年《义务教育小学科学课程标准》（下简称《课程标准》）颁布，提出了小学科学课程的重要目标是培养青少年科学素养。在课程内容方面，《课程标准（2001 年版）》将科学课程内容划分为“科学探究”“情感态度与价值观”“生命世界”“物质世界”“地球与宇宙”，而《课程标准（2017 年版）》对此进行了修订，改为“物质世界”“生命科学”“地球与宇宙”“技术与工程”四个领域，凸显了 STEM（科学、技术、工程与数学）教育的地位[4]，并且把科学探究明确为主要的学习方式。值得称赞的是，它要求科学课程的起始年级回归到小学一年级，实现了基础教育阶段的学科全覆盖。第三次是《义务教育科学课程标准（2022 年版）》（下简称《标准（2022 年版）》）方案出台，以核心素养的方式更加凸显学科的育人价值，强化实践、规范评价、加强指导。《标准（2022

年版）》指出，义务教育科学课程是一门体现科学本质的综合性基础课程，具有实践性，并确定了科学课程对学生的核心素养发展要求，从科学观念、科学思维、探究实践、态度责任四个方面提出课程要求。这四个方面既能反映科学课程的独特育人价值，又能体现批判性思维、创造性思维、合作能力、交流能力、自主学习能力、社会责任感等核心素养的发展。它们相互依存，共同构成一个完整的体系，体现了科学课程的育人价值。[5]科学课程历经20余年的发展，在落实立德树人的育人目标过程中，从强调科学探究逐步转变为强调探究实践。因此，“科学教育不仅是学校内部的工程，更是需要社会方方面面共同参与的工程，是科学家、科学共同体的责任，这也是科学实践的社会基础”。[6]江苏版《科学》的课程严格按照课标要求深入实践，在2012年、2017年、2020年全国义务教育阶段学业质量检测的科学学科监测中，江苏的成绩高于省域平均分及全国平均分。

有些科普工作者（科技辅导员除外）会有这样一个疑问：为什么要研究科学课程标准的变化？他们以为课程教学是教师的事情，自己只要把科普工作做好就行了。要回答这个问题，那就要回到最初——什么才是科普？我认为，一切不从课堂出发的科普活动都难有生命力！在社会大课堂尚未形成的今天，孩子的逻辑思维结构更多是通过学科实践建立的。当然，生活实践也参与其中，但贡献率不高。所以，了解并掌握课堂活动是非常必要的。

还有，什么是科普工作者需要知道的？我想，必须包括对公民科学素质内涵的理解，即“四科两能力”的逻辑关系。服务公民科学素质提升是科协系统的KPI（关键绩效指标）。科学素质是公民素质的重要组成部分，是决定一个国家和地区自主创新能力和经济社会发展水平的关键因素。党和政府一直高度重视科普工作，积极推动公民科学素质的整体提升。2015年以来，江苏省公民具备科学素质的比例稳居全国第一，为江苏创新型省份建设奠定了坚实基础。2017年的夏天，在江苏省科协的指导下，我们策划了第一届江苏省公民科学素质大赛。这个活动的创意性当时在全国范围内都比较领先，同期相类似的比赛只有《北京科技报》承办的北京科协“科学达人”挑战活动。时至今日，江苏省全民科学素质大赛（赛名中的“公民”后改为“全民”）已举办了7届，得到了社会各界的大力支持，累计参赛人次超过2674.97万。

对比《全民科学素质行动计划纲要（2016—2020年）》（下简称旧《纲要》）与《全民科学素质行动规划纲要（2021—2035年）》（下简称新《纲要》），两者对公民科学素质的内涵定义侧重点有所不同。通常意义上的公民科学素质包括科学知识、科学方法、科学思想、科学精神，以及处理个人事务的能力和参与公共事务的能力。新《纲要》将“四科”顺序调整为科学精神、科学思想、科学方法和科学知识。将科学精神排在首位，既说明了未来一段时期的关注重点将是科学精神与科学思想领域，又说明了科学知识和科学方法在当今社会得到了极大程度的普及。“两能力”也发生了变化，主要体现在判断能力以及分析处理、解决问题的能力得到了新的阐述。如何理解具备科学素养的个体？21世纪之前，对科学概念、科学过程、科学本质、科技与社会关系的认识构成了科学素养的核心内涵。进入21世纪之后，如何运用科学解决个人和社会问题备受关注，与“科学参与”相关的知识、能力要求被纳入科学素养范畴。[7]

江苏省科学传播中心在2019—2022年期间，专门邀请了江苏地区科学教育专家参与青少年科学素质评价的课题研究，对“四科两能力”进行了定义。第一期的调查报告已经发布上网，下文延伸资料二中亦有说明。例如：科学精神指尊重事实、追求真理的态度，以及应遵循科学的行为规范和价值准则；科学思想指对待客观世界、科学事业和社会生活的基本科学观念；科学方法指在探究自然、解决科学相关问题中应具备的技能方法和采用的正确行为与思维方式；科学知识主要指基本科学事实、概念与原理。“四科”是科学素质的内隐要素，“两能力”是内隐素质的外在表现，即掌握科学知识、科学方法，具有科学精神与科学思想，是一个人内在的素质结构。而这一内在的素质结构，只有在应用其分析判断事务和解决实际问题的过程中显现出来，才真正称得上具备科学素质。提高青少年科学素质，不仅对实现全民科学素质目标具有重要意义，也将为把我国建设成世界科技强国、实现中华民族伟大复兴提供人才基础。[8]公民科学素质的提升关键在于青少年科学素质的培养，良好的科学教育环境和多样化的科学传播方式为青少年科学素质的稳定提高奠定了基础。

延伸资料一

江苏省全民科学素质大赛

江苏省全民科学素质大赛分为网络赛与团体赛两个部分，近年来，围绕“提高全民科学素质　服务高质量发展”主题实施开展。网络赛于每年5—8月开展，公众通过江苏公众科技网、“苏科家园”、省青少年科学教育服务平台，以及“科普江苏”“科学少年社”等微信公众号积极参与。团体赛于当年9月举办，选手队伍分别由未成年人、农村居民、产业工人和领导干部或公务员各1名组成。赛题紧贴科技热点，围绕科普法律法规、信息安全、卫星导航、量子信息、载人航天、探月探火、深海深地探测、超级计算机、核电技术、新能源技术、大飞机制造、生物医药、科学家精神等多个领域。

延伸资料二

2020—2021 年度江苏省青少年科学素质状况调查报告（摘要）

为深入推动实施《江苏省全民科学素质行动规划（2021—2035 年）》，探索青少年科学素质评估办法，及时了解青少年科学核心素养学段目标的完成情况，跟踪不同阶段青少年科学素质变化情况，反映各种因素对青少年科学素质的影响，2020—2021 年度，江苏省科学传播中心首次组织开展了青少年科学素质状况的调查。本次调查所指向的科学素质评价，内容以科学精神、科学思想、科学方法和科学知识为评价核心，以应用其分析判断事物能力和解决实际问题能力为评价外延，以问卷形式，通过自愿抽样调查的方式，形成报告。

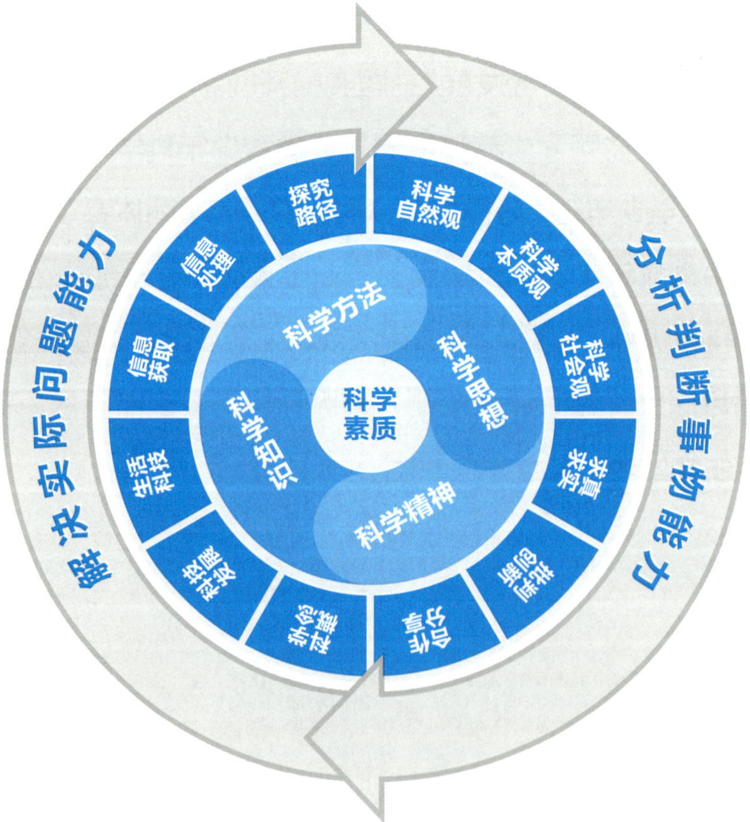

科学素质评价指标概念模型

调查人群范围：本次调查人群是从 13 个设区市参与江苏省中小学生金钥匙科技竞赛的选手中抽选，年龄范围为 8~18 岁。自愿参加抽样调查的人数为 15876 人，有效数据为 15386 人，约占全省相关年龄段学生总数的 3.13‰（全省相关年龄段学生总数为 4921460 人）。

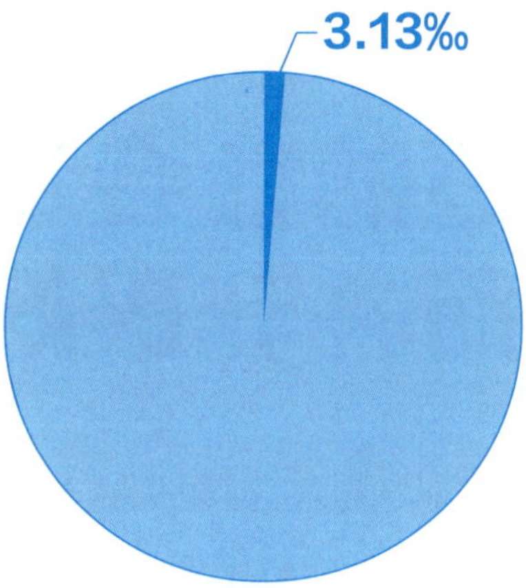

有效数据为 15386 人，约占全省相关年龄段学生总数的 3.13‰

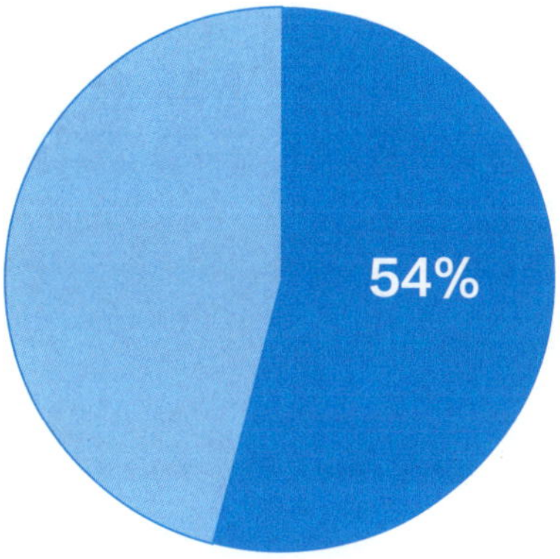

超过均分有 8308 人，约占总人数 54%

总体评价：本次评价满分为 25 分，平均分为 14.10 分，标准差为 6.92，其中超过均分有 8308 人，约占总人数 54%。总体而言，江苏省青少年科学素质水平处于中等偏上。在不同分类群体中，青少年的科学素质水平也有所不同，其中城市高于县城，男生高于女生，高中群体高于小学和初中群体。

青少年科学素质影响因素的分析结果显示，培养青少年在科普方面的阅读兴趣，增加科普书籍的阅读量会对青少年的科学素质水平起到正面的激励作用。倡导青少年积极走进科技馆，通过在科技馆近距离地参观学习，有助于提升青少年的科学素质水平。积极参与科学竞赛会对青少年的科学素质水平起到正面的激励作用。激发青少年对数学、科学和艺术学科的学习兴趣，也会对青少年的科学素质水平起到正面的激励作用。崇拜科学家会对青少年的科学素质水平起到正面的激励作用；相反，崇拜明星可能会对青少年的科学素质水平起到负面作用。（详见官方发布报告全文）

03

找到最合适的社会资源而并非最好的

科技资源科普化是落实习近平总书记“两翼理论”重要论述的战略性举措，对于科技创新和科学普及都具有重要意义。尽管当前科技资源科普化取得了良好成绩，但是仍然存在诸多问题，突出表现在科研和科普结合不够，科技资源科普化在体系性推动和制度设计方面还有很大的提升空间。[9] 将社会资源与学校科学教育深度融合，一是要顺应国家、省份相关政策的引导发展，紧紧围绕目标实施开展实践工作；二是要体现“科学”的领域属性，深度挖掘社会资源的自然科学及与之相关的社会科学，而非人文学科；三是体现“素质”的领域特质，将内化的“科学精神”“科学思想”“科学方法”“科学知识”与外显的“分析判断事物”“解决实际问题的能力”和科学教育的核心素养要求相结合。如此这般，才能体现国家对人才培养的时代需求与科学普及工作的高标准。

整合场馆资源不能“开盲盒”

馆校结合是拓展科学实践活动的一种良好举措，通过馆所、基地、园区、企业等具有科普功能的机构与学校科学课程深度融合实践，让社会大课堂资源有机结合，为推进社会主义现代化教育强国助力。

将场馆资源与小学科学课程深度融合，是社会力量积极探索校内外科学教学和科普教育的融合发展过程，是通过青少年科技活动创新提升青少年科学素质的有益延伸，是加强新时代中小学科学教育工作用好实践场所的具体要求。这个部分，将结合江苏地区场馆资源与小学科学课程融合的现状与困难展开讨论，采用实地访谈、问卷调查、资料收集等多种方式，从政策背景、工作机制、实践探索、新技术变革等方面提出建议，努力为推动小学科学教育学校主阵地与社会大课堂的有机衔接贡献力量。

（一）江苏科普场馆资源丰富

1. 科普教育基地与社科基地的基本情况

科普教育基地是开展社会性、群众性、经常性科普活动的重要阵地，是科普事业的重要组成部分。全国科普教育基地是指由科技、教育、文化、卫生、农业、安全、自然资源、旅游等领域机构兴办，面向社会和公众开放，具有科普和教育功能的示范性场所，每五年评审一次。根据中国科协分别于 2022 年 3 月、11 月发布的《关于命名 2021—2025 年第一批全国科普教育基地的决定》《关于命名 2021—2025 年第一批补充认定的全国科普教育基地的决定》，南京理工大学兵器博物馆等 63 家单位入选首批全国科普教育基地。“十四五”以来，江苏省科协深入实施《全民科学素质行动规划纲要（2021—2035 年）》，充分发掘利用社会科普资源，鼓励、支持、引导社会各界提供高质量科普公共服务，推动江苏省全民科学素质不断提高。2022 年 6 月，江苏省科协、省社科联、省科技厅和省教育厅联合开展了江苏省科普教育基地的认定工作，不断加强科普教育基地建设，共认定省科普教育基地 141 家。根据《中华人民共和国科学技术普及法》《江苏省科学技术普及条例》《江苏省社会科学普及促进条例》《江苏省全民科学素质行动规划（2021—2035 年）》《江苏省社会科学普及“十四五”发展规划》，参照《全国科普教育基地创建与认定管理办法》，相关部门制定了《江苏省科普教育基地创建与认定管理办法》。根据科普主题和内容，江苏省科普教育基地主要分为自然科学和社会科学两类。其中：自然科学包括科技场馆类、教育科研与重大工程类、“三农”类、企业类、自然资源类及其他类；社会科学包括教育研发类、文化场馆类和媒体传播类。

2. 科学家精神教育基地发展迅猛

自 2022 年起，中国科协、江苏省科协分别评定了一批科学家精神教育基地，大力弘扬以爱国、创新、求实、奉献、协同、育人为内核的科学家精神，引导推动形成尊重知识、崇尚创新、尊重人才、热爱科学、献身科学的浓厚氛围。南京理工大学王泽山精神教育基地等 17 个单位被认定为全国科学家精神教育基地，王淦昌故居等 32 家单位被认定为江苏省科学家精神教育基地。

（二）江苏馆校融合有大量实践

江苏省在馆校结合方面呈现了同心协力、典型突出、科普资源共享的良好局面。

1. 行政区域联动

江苏省南京市聚合场馆资源、活动资源、课程资源、专家资源和志愿者资源，建立了“南京现代科普场馆联盟”。联盟单位的科普资源共建共享，课堂内外、校内校外、线上线下协同发力，常态化开展研学旅游、科普讲座、科普报等形式多样的科普教育活动。目前，联盟拥有团体成员62家，分布11个区，初步形成覆盖南京全市的优质科普基础设施体系。2023年上半年，联盟共计接待550多万参观人次。玄武区实现全域联动，整体构建区域“科学+”协同育人链，突破传统科学教育的路径依赖，探寻学科交叉融合的规律和未来科技创新人才的培养路径。提出“15分钟教育圈”科教图谱，科普资源包括“1+60+N”，即区域层面在少年宫首创1个“科创资源中心”，为全区学校提供资源与课程服务；梳理60个科教文博及高校科研院所作为教育场馆资源，形成“课后服务科教资源清单”；各中小学校充分拓展周边资源，将学生出校步行约15分钟可到达的公益性科普文博场域或空间，纳入学校课后服务资源，形成N个校级教育实践基地，创造性地开展学科实践育人活动。区域统筹、校本开发、师本运用、生本实践相结合，内外融通，打造多层次科创教育圈。[10]

2. 打造示范典型

为推动科普场馆教育资源与学校教育需求的有机衔接，2022年，由南京市教育局、南京市科协主办，南京市教研室、南京科技馆承办建设的“南京市中小学科技创新中心”，充分利用南京科技馆现有的场馆环境、展品展项等资源，协调南京12个行政区分别承担半个月内所辖区中小学的科技馆科学活动组织工作，有效填补教学日课后、周末时间，破解“课后三点半”难题，助力全市中小学生课后服务，成功探索馆校结合的新模式。同时，南京科技馆积极与学校合作，共同开展“馆本课程”“校本课程”。江苏省科技馆深入学校基层，发挥科技馆资源优势，丰富学校课程内容，开展科普大篷车进校园、科学实验秀、科普剧创作等科技活动，不断深化科普内容与形式。

3. 资源协同配合

江苏省青少年科技教育协会积累储备师资资源，加强与南京夫子庙、南京科技馆、紫金山昆虫博物馆、中山植物园、红山动物园等科学与文化场所的合作，推动“课后三点半活动进校园”等活动。以中国北极阁气象博物馆为首的科学家精神教育基地，将气象科普实验表演作为对小学科学课程的有益补充进行实践开发，致力于通过形式多样的科学教育活动弘扬科学家精神，激发青少年的学习兴趣和热情。泰州科技馆围绕中小学科学课程标准，组织开发了“白垩纪凶猛的霸王龙”“远看火星”“病毒大作战”“空气的秘密”等适应不同学段需求的20多节科学教育课程；设计了“如何吹出大泡泡”“火焰掌”“神奇的火纸”等10多个科学秀表演活动方案；编撰了《天问》《色彩派对》《会跳舞的泡泡》等10多个科学实验剧目，有效缓解了学校科学教育资源不足的压力，满足了学校师生渴望了解科学知识的需求。扬州市科技馆与汶河教育集团解放桥小学签署了《科普教育馆校协作项目协议书》，根据学校需求提供定制化服务。

（三）江苏场馆资源与小学科学课深度融合困难

1. 顶层设计，局部落地

从江苏省紧跟国家政策陆续出台相关指导文件中不难看出，在整合校内外科学教育资源，搭建丰富的科普平台，创建校内外科技活动基地，紧贴学校科学课程实际，努力培养青少年科学实践能力及科技创新能力的过程中，江苏省扛起“大省担当”。上文所述文件中，皆规定了负责牵头落实的省级厅局单位，层层监管意识强烈。但是，从全省各地基层观察来看，“馆校结合”的实际效果与经济发展仍然保持正相关。从职能划分上说，科协系统作为致力于提高全民科学素质的组织，承担了社会科普职能，即科普助力“双减”。科普教育基地、科学家精神教育基地等场馆由科协系统牵头评定，而有一定科普功能的部分场馆的上级主管单位千头万绪，但与教育主管部门无行政或业务联系。众所周知，学校的上级管理单位主要是教育主管部门。通过对省科普场馆协会、各设区市科协、教育主管部门的走访、调研不难发现，“馆校结合”概念早已深入人心，但是有亮点工作或典型案例频出的往往还是个别地区。这些地区较为突出的特点是在行政领导牵头下，教育主管部门与科普相关部门的“组合拳”打得得心应手。省级层面的设计规划如果仅依靠下发一纸文件来落实相关政策则过于理想化，在“星星之火可以燎原”之前，还缺乏执行力强的中间层，暴露出来的责任单位主观能动性不强等问题越发明显，“国家、省、市、区（县）级科普场所—教育集团—学校”全流程尚未打通，地区与地区之间贯彻落实政策不均衡的现象也越发凸显，仅表现为局部落地。

2. 场馆规划，未显融合

以江苏省科技展馆为例，从 2000 年 5 月江苏省科技馆、2001 年 8 月南通市科技馆建成开放至今，江苏省的科技馆建设工作越来越得到各级政府的高度重视。自 2003 年以来，海安科技馆、海门科技馆、南京科技馆、无锡科技馆以及吴江、东海青少年科技活动中心陆续建成开放。[11] 近年来，江苏盐城、徐州、泰州、南通以及太仓等地科技馆都已经对外开展活动。早期建设的专业科普场馆至今已有 20 余年历史，其设计理念并没有考虑与小学科学课程相融合，缺乏前期调研，容易陷入为建而建、为“物”放“物”的误区，而且展陈理念过于陈旧，不能与时俱进；展品开放程度低，探索空间不足；科普资源与学科教育内容缺乏适配性，一味求全而忽略差异性打造，展品雷同等问题较为突出。这些问题直接导致家长、教师带着孩子来到科普场所时看似热热闹闹，实际收获不多。一方面，“自上而下式”的传统教育方式与科学课程中期盼实现的核心素养目标相违背，以孩子为中心的“自下而上式”的创新展览模式尚未得到大面积推广；另一方面，走马观花地浏览图片墙上展示的图片或是浅尝辄止地操作实验设备，如同隔靴搔痒，难以真正达到“四科两能力”的科普要求。更有甚者，教育主管部门、学校对所辖区域内的科普场所情况知之甚少，而且信息渠道不畅通，场所开放时间不合理。

3. 时空限制，安全堪忧

近两年来，在“双减”文件的指导下，江苏地区小学落实“课后三点半”

政策较为扎实，设置了若干社团课程以满足学生的各种兴趣需求，其中科学领域的社团活动得到了广大师生的喜爱，但是绝大多数的活动仍然在学校场所开展。究其原因，无非组织便利、管理安全等。即使是“馆校结合”工作较突出的南京市，也未能全面做到在日常教学时间内安排固定课程让学生参与社团活动。为突破时间、空间的限制，大多情况下，场馆工作人员会主动进入学校开展相关活动，即“走进去”。但这种活动方式难以让学生沉浸式地体验校外场所在视觉、听觉上的服务，活动效果往往被打折扣。当然，随着观念的不断创新，越来越多有条件的学校会主动组织学生“走出去”，尝试打破时空束缚，但也会担忧学生出行安全问题。相关政策所倡导的“双向交流”反而成为基层学校的负担，他们为完成任务而“如临大敌”，最终只能以学期为单位，组织1~2 次的外出实践即止。

4. 共建共享机制不全

从科普助力“双减”工作开展情况及存在的困难出发，我们团队收集了南京市、徐州市、扬州市、苏州市、盐城市、南通市、宿迁市、连云港市等地区的科协、教育局、学校、科普场馆等相关单位填报的问卷 547 份。大多数调查对象的自主开发能力较为薄弱，学校科学（科普）课程资源短缺，无独立编写的科学教育校本读物的占比 88.8%，其中开发了 1~20 课时课程的占比 57.1%，没有购买过科普资源包的占比 37.8%，购买科普资源包且不超过 20 课时的占比 43.9%。基于此，场馆资源与学校课程融合的呼声很高，有极大的现实意义。但在实际操作过程中，打通区域内学校“共享共建”科普资源并非依靠数个学校个体就能够实现。让名校资源能够“雨露均沾”，让馆、校两大主体长期地、创新地、高效地运转的机制体制尚未健全。同时，各级相关单位在建设社会大课堂的过程中能够敢为人先的良好格局尚未形成。

5. 公益事业，后继乏力

《关于新时代进一步加强科学技术普及工作的意见》明确提出“全社会共

同参与的大科普格局加快形成”，指出“各行业主管部门要履行科普行政管理责任”，“各级科学技术协会要发挥科普工作主要社会力量作用”。科普是一项公益事业，利在当代，功在千秋。2021 年，全国科普工作经费筹集规模为 189.07 亿元，比 2020 年增长 10.10%；全国人均科普专项经费为 4.71 元，比 2020 年增加 0.54 元。[12] 但是，在实际操作中，科普助力“双减”工作的开展缺少充足的财力支持，难以满足科普工作的需要。前文问卷调查结果显示，2022 年科普专项经费不超过 5 万元的学校占比 54.1%，5 万 ~10 万元的学校占比 29.6%。各地区、各单位对科普工作的重视程度不同，经费设置差异明显。以盐城地区为例，72.4% 的调查对象没有设置科普专项经费，这严重阻碍了科普助力“双减”工作的开展。部分科普场馆工作人员表示，如果长期开展大型科普活动，提高活动力度，扩大活动覆盖面，将大大增加场馆运营成本。科普活动的开展和场馆的正常运营需要权衡。无论是课程研发费用，还是授课教师劳务费用、学习耗材费用等，即使仅按成本支出，长此以往，都是一笔不菲的投入。

（四）场馆资源与小学科学课深度融合建议

1. 加强政策层面落地，建立健全资源融合机制

《关于新时代进一步加强科学技术普及工作的意见》强调，要统筹科技馆、少年宫等公益性社会单位，向学生开放所属场地；鼓励并支持高校等科研院所安排实验室等科技资源向中小学生适当开放；动员高精尖技术企业为薄弱学校援建科学教育场所。首都师范大学薛海平认为，上述文件的出台着力破解中小学校与社会各方教育资源联动不足的突出问题，意在持续促进校内教育与校外教育一体化发展，加快构建校内外有机融合的科学教育体系，助力中小学科学教育高质量发展。因此，必须切实解决科普职能单位与教育主管部门多头管理

难题，真正实现科普教育、科学教学与科技创新同频共振、深度融合。科技政策法规部门、教育主管部门联合科协等单位形成资源共建共享机制，积极发布“场馆科普白名单”，推动学校建立馆校合作关系。制订统一的、规范的科技、科普标准，从融合开发、项目实践、督查管理和评价多维度进行精准考核，以提升“馆校合作”质量。财政预算列支专项经费，定额定责落实经费管理规定与使用办法，实现专项资金绩效考核，保障可持续性发展。另外，可以引入社会化资本进行公益性投入，在税收等政策上予以企业优惠。各级科协组织应当发挥桥梁纽带作用，主动做好学校与科普基地、学校与科学家、学校与科学课程或品牌科学活动、学校与科研院所的工作对接，完善科教资源教育圈层建设。积极推动校内外科普资源融合品牌建设，加强各级协会基地成员之间的合作，实现资源共享。同时，用良好的机制促进场馆、学校工作人员的主观能动性，提高其创新意识。

2. 盘活场馆科普科教资源，创新理念规划区域布局

发挥好现有科技馆的作用，加快构建现代科技场馆体系，推动省自然科学技术馆立项建设，推进以县域综合科技馆和镇域专题科普馆为重点的基层科普设施建设。鼓励各地发挥优势推进专业科普场馆和设施建设，挖掘具有区域特色的科普资源，实现互融互补。[13] 这里虽然说的是江苏地区的相关情况和目标规划，但其有一定的示范作用。如何深挖原有场馆资源，实现科普价值二次利用是一个重要命题。在条件有限的前提下，分领域、类别、主题进行项目式、STEM类科学课程开发，以任务为引领模块式积累素材，并通过图文、音频、动画、短视频等多种方式对素材进行深度加工。科技馆中的科学教育活动更倡导以建构主义和情境学习理论为主要指导理念，通过模拟实践的学习方式引导学习者主动探索，为青少年创设更为自由、轻松的科学学习氛围，有利于激发青少年的好奇心和想象力，培育青少年的科学精神和科学认同感。[14] 国内外相关经验表明，通过建设教育智库，汇聚多领域的专家提供决策性支持，是实现国家教

育治理能力现代化、打造高质量教育体系的重要途径。[15]因此，“十四五”期间投入规划设计的场馆应当按照上述科学教育活动建设方式，汇聚各领域专家同心协力、充分论证，从规模、专业性、功能定位等多维度考量，实现区域均衡发展。再者，科普场所可以进一步发挥基地作用，结合科学课程进行延伸，开发设计科普研学实施方案，向青少年及其家庭推荐一批优质研学路线，真正实现“走出去”。

3. 技术变革突破时空限制，探索信息技术全新范式

伴随着人工智能的快速发展，传统融合方式受到时间、空间的诸多限制，课程开展形式陈旧，难以使青少年的天性得到充分释放，也难以满足其好奇心。因此，可以借助多媒体手段，以“学科融合、形式创新、注重探究”为目标进行课程设计。在结合当下科学事件、未来重大科学发展开展“馆校合作”项目以及坚持科技自立自强的同时，如举办“科学家精神进校园”、“童手里的创造”青少年科创系列活动等省级重点青少年科普活动，可以适当使用网络直播平台进行线上教学，充分利用网络科普展示馆资源，广泛依靠省级科普资源平台，合理采用 AR、VR 设备等，以实现课程融合。例如，2021 年，科技馆体系联合中国载人航天工程办公室、中央广播电视总台共同推出了我国首个太空科教品牌“天宫课堂”，通过线上、线下同步开展课程的方式面向全球直播。两次“天宫课堂”的全网总点击量超过 40 亿次，是我国科学教育活动在一天内覆盖面最大、公众参与最多的一次重大科普实践，充分彰显了我国现代科技馆联合各主体协同育人的能力与优势。[16]又如，江苏网上科普馆通过网络虚拟技术，展示了江苏科普工作成果，宣传了江苏科技人物。该展馆运用全景观展技术，采取多媒体互动叠加图文、音视频、3D Max 等形式，360° 全景展示展览现场。用户可以通过电脑或手机访问展馆，获得全方位、沉浸式、交互性的观展体验。应用数字信息化技术打造的网络虚拟现实空间，让跨地区、跨时区的展示、交流成为现实。

4. 合理设置绩效评价标准，试点容错纠错免责办法

课程目标的设置将影响到课程内容的选择、课程体系的建构、教材的编写、课堂教学活动的设计、教学评价以及课程资源的开发等多个方面。[17]“馆校合作”深度融合的课程范式应当在课程目标的设置上下功夫。教学中，表现性评价是指通过可观察、可评价的外在表现，推断学生内在能力及精神状况的变化，能较准确地评价学生在真实情景中解决问题的能力及相关素质。[18]围绕课程目标实现的不同程度，充分开展绩效评价工作。一方面，评价本身就是一种活动行为，其结果为进一步优化课程实践指明方向，有利于授课者更好地掌握课程目标实现情况；另一方面，尊重并合理运用绩效考核，也为健全机制运行，特别是为财政资金使用提供依据，有力支撑项目审计。同时，结合课程融合实践，充分论证与酝酿，找到环节中可能存在的风险点，尝试制订相关容错纠错免责办法，营造敢于担当、风清气正的深度融合氛围。

延伸资料

江苏网上科普馆介绍

江苏网上科普馆（http://www.jskp.cn/）是国内首个体量最大的“全尺寸建模展示”的网络科普展示馆，是对现实科技展览活动、科普资源的虚拟衍生和线上展示，重点宣传展示了江苏科普成果、科技人物、科技成就，为公众提供具有科学性、知识性、趣味性、互动性的科普文化服务。作为国内领先的全虚拟网络科普展示馆，其展览面积同比实体馆达到 1.05 万平方米。现有主展厅、科技创新厅、百年回望厅、科普资源厅、科技英才厅、科普展品馆、青少年科创教育成果厅、碳达峰碳中和展厅和临展厅。临展厅设有“野生动物保护展”“科普教育基地展”“党领导下的科学家主题展”等内容。

人才是第一资源

最近我时常自我反思，因为对于现阶段的某些社会科普现象，脑海中一直有两股势力在持续对抗。一方面，面对“双减”政策的强势出台与共建社会大课堂的猛烈呼声，大量的培训机构转型，义无反顾地扎进科学教育“红海”市场，同时社会上从事“科普工作”的机构如雨后春笋般拔地而起。这种氛围让我很局促，深感科普的门槛变得越来越低，仿佛任何一个能与科学沾边的行为都被赋予了新时代科普的重大使命。产生这样的想法是有原因的。有一次，我出差到苏北某市，途经一个综合商场时发现一家门市店赫然贴着一幅巨大海报，上面写着“全方位助力儿童科学成长——江苏省某科技竞赛（我单位科普活动之一）组委会指定合作单位”。诸如此类，着实让我如鲠在喉。另一方面，我也深刻认识到，唯有社会对科普工作的关注度越来越高，才能实现科普事业的蓬勃发展。说白了，做总比不做强。星星之火，可以燎原。再微小的科学活动，也能聚沙成塔，也能光芒万丈，我怎么能以狭隘的眼光去看待科普事业生产资料的大量积累呢?

乱序的市场需要积极引导、规范管理和有效评价，而人才就是在这样的良性循环中逐渐彰显价值的。我至今还没见过哪一项伟大的事业缺少了优秀的人才能办得成，可见人才的重要性不言而喻，特别是科普这项伟大的事业，太需要专业的人才队伍了。

（一）科普从业者的定位越发清晰

科学家、媒体从业人员、科学教育专职教师和科普活动的一般组织者共同构成科普产业链的生产力。中国科普研究所副研究员王大鹏认为，科学家是科普的“第一发球员”，他们因为处于科学研究的最前沿，是“元科普”的“源头活水”。《中国科学报》专访中国科学院孙和平院士时，特别关注了科学家从事科普工作的意义。孙和平院士认为，科普是科学家应该履行的重要使命。懂科学的人不做科普，谁做科普？个人的力量是有限的。“孙和平院士精密测量科普工作室”成立以来，采用的是“院士引领、科研人员广泛参与、研究生全面实践”的新型科普模式。他们在重庆成立科普分室，在浙江成立科普基地，就是在体制机制上进行探索。通过增加院士自身责任感，发挥院士的带头作用和科普工作室的平台功能，形成示范引领和精神激励效应，发挥所在团队、所在单位、所在行业的引领带动作用。

媒体的价值在哪里？媒体不能左右公众如何思考，但可以引导公众思考什么。例如，如何形容一头粉色的猩猩？我抛出这个问题后，可能 100 个人有 100 种对粉色猩猩的描述，这是我控制不了的。但是，大家在我的引导下，尝试思考了这个画面，不是吗？那科普呢？媒介是公众了解科技信息的渠道，特别是在新媒体越发多元的时代，让科学家及时发出科学、准确的信息，让媒体能够更好地报道科学，变得更加重要。正如英国科学媒介中心理念：科学家善待媒体，媒介则会善待科学。

今天，传播科学知识已经不仅是写几篇科普文章、开展几个科普讲座，针对科学问题本身进行解释这么简单。公众获取信息的渠道变得越来越多元。如何让科学的声音不被繁乱复杂的噪声甚至谣言淹没，是科学传播中面临的最大问题。科学传播工作需要政府、科学家、媒体的多方配合，而其中组织和衔接的“桥梁”起到了至关重要的作用。这个“桥梁”包括媒介的同时，也包括科普传播链条上任一组织元素。因此，一个专业的科普传播组织所赋予的职能角色应当是科学信息的生产加工者、科学媒介平台搭建者、系列科普项目的组织者以及智能时代科普供给侧专业传播者。

我曾思考过这样一个省级科普传播业态模型，此刻想拿出来供读者们评判：官（政府管理、科协牵头，全民科学素质纲要办公室成员单位协同）—学（省属高校科研院所和省级学会）—研（国家科普研究权威指导下的省属科学传播研究院）—产（完善的科普产业链）四位一体“大科普”布局。

（二）科普专业人才缺乏问题越发凸显

再细说科学教师专业队伍问题。根据教育部发布的全国2021年教育统计数据，科学专任教师人数为24.39万人，是语文专任教师人数的10.6%，是数学专任教师人数的13.5%；校均教师数，科学专业为1.581，语文专业高达14.863；硕士研究生及以上学历比例，科学专业为2.308%，语文专业为1.846%，数学专业为1.236%，外语专业为3.33%。[19] 2021年，基础教育教指委科学专委会对我国小学科学教师队伍现状进行调查，结果显示超过七成的小学科学教师为兼任教师。[20] 这些数据充分表明了小学科学教师数量不足、专业素质不高等问题。尽管北京师范大学教育学部高等教育研究院乔锦忠研究团队最新测算结果显示，到2035年，全国将有约150万名小学教师、37万名初中教师过剩，但是科学教师的数量还是不尽如人意。

高水平综合性大学参与教师终身职业培育规划不足，未从源头上对高素质专业化科学类教师进行专项培养，特别是师范类院校的前期培养缺乏针对性，后继职业教育乏力。科技部发布的2022年度全国科普统计数据显示，全国科普专兼职人员数量为199.67万人，比2021年增长9.26%。其中，科普专职人员有27.39万人，科普兼职人员有172.28万人。中级职称及以上或本科及以上学历的科普人员共计122.60万人，比2021年增加9.91%。2022年，全国大力推进注册科普志愿者队伍建设，科普志愿者规模达到686.71万人，比2021年增长41.96%。不难看出，尽管科普人员队伍持续壮大，但科普专兼职人员学历较低、专业素质不高的问题还比较明显。同时，专职人员与兼职人员的思考逻辑也是不一致的。例如：科学教师会在完成课标教育任务的前提下，尽可能地思考如何增加课堂的趣味性，让学生能够在实践中达到核心素养要求；而社会科普人员则会首先思考科普活动的趣味性，以满足学生的好奇心及需求为要务，反而会忽视课程开展过程中需要完成的教学目标。在中考、高考“指挥棒”不变的情况下，科学教育与科普需求往往被学校、教师作为常规教学之余的有益补充。条件有限的情况下，教师缺乏理念学习，主观能动性较弱，内驱力不足。从核心实践层面上说，社会资源与科学课程融合需要科普人员与科学教师协同作战，两者缺一不可。

（三）持续推进人才能力提升越发紧要

作为学生科学学习的组织者、参与者，科学教育工作者是影响学生科学学习效果的最重要群体，先进的科学教育理念与教学方法能否贯彻实施，往往依赖于教育工作者的理解与实践。[21] 教育主管部门必须落实学校对科学专业师资力量的培训和管理工作。北京景山学校张斌平指出，既要从高水平大学、高职院校专业方面加大教师储备培养力度，更要抓好现有中小学师资的在岗培训。科学教师的成长发展应是情境化的，建议加强师范院校、教育部门、科研机构、中小学、科普场馆、相关企业和社会机构之间的紧密合作，打造多主题、多样态的科学教师研修基地，形成协同培养机制，丰富教师参与科学学习、科学探究和工程实践的经验，强化探究式教学、项目式教学和跨学科教学等教学方式的教育实践，让教师在真实课堂教学情境中加强专业认识，完善自身的教学信念和教学实践。[22] 2023 年，教育部与中国科技馆联合开展了科学教师能力提升项目培训，旨在提升教师基于科技馆资源开发项目化学习案例的能力，促进科技场馆资源走进科学课堂。科学引进人才，能够缓解师资力量不足的压力。为科普场馆专兼职科普人员开展科学课程培训，帮助场馆人员树立课程目标制定理念，实现场馆专业人员进学校、科学教师进场馆的“双向奔赴”。当然，在社会大课堂的有机融合过程中，家长与志愿者都是必不可少的参与对象，应当共同推动其发展。通过组建家委会、家访等方式加强家校互动，发挥家长的主观能动性，让家长更加了解和支持融合服务，提升他们的参与度；充分发挥各基层组织科普志愿者的作用，群策群力，共同为青少年提供科学服务。

（四）发挥科普人才库价值越发关键

既然已经有了明确的定位，面对科普人才紧缺这种实际情况，我们就该因地制宜地实施科普人才库建设工作。科普人才资源平台建设应坚持以服务科普工作为主线，围绕“需求牵引，服务为主”的建设原则进行内容构建。在规划服务科普人才的内容架构时，以需求发布与成果发布为着力点，尽力满足科普人才和科普机构等多种科普工作对象的实际使用需求。[23] 为更好地开展科普宣传工作，发挥人才最大价值，科普人才库的建设应尽量满足“科普效果较优、专家层次较高、涉及领域较全、更新频率较快”这四个条件。以江苏省科学传播中心为例，其科学传播专家团队超过百余人，常年维持“院士领衔，专业适配”的有效模式，从雷达学、功能材料学、地层古生物学、天文学，到人工智能、应急避险、气象、环境保护、核辐射、青少年学科专业、科普科幻创作、编辑出版、影视传媒、科普志愿服务等领域都有涉猎。当然，类似这种规模的科普人才库指向的是有条件且有必要的专业科普平台，例如各级科协组织、各级学会组织、专业科普场馆单位和有科普职能的大型融媒体中心等。对于学校这一层级，更多时候，要满足青少年科普需求只需要“借力”，即通过联系社会上的科普组织，开展科普活动。

我很赞同中国科学院老科学家科普演讲团的宣传推广方式，他们通过“科普演讲团”官方微信公众号不定期地更新团员名单，发布专家演讲信息、演讲要求、联系方式，详细标注专家的专业领域，以便于需求单位精准对接。我常想，如果未来有可能，我建议在文字介绍的基础上，增加专家讲课短视频（时长不超过 5 分钟），让科普的供需双方更适配，让科普活动的实际效果更佳。

又如，江苏省科协遴选省级学会科技传播专家工作亮点频出。一是在省级学会“个人自荐、组织推荐、同行评议”相结合遴选首席科技传播专家的基础上，增加省科普演讲专家推荐，轻职称、重效果，符合蓬勃发展的新媒体时期科普传播多样态的实际需求；二是准确定位科学、科技传播专家服务团职能，从科普创作、科学传播、推动和拓展学会科普工作角度提出要求。我想，这样扎实的省级科普专家队伍建设工作一定会在全省范围内起到正面、积极的引导作用。

延伸资料

中国科学院老科学家科普演讲团介绍

中国科学院老科学家科普演讲团成立于 1997 年，主要由中国科学院退休研究员组成，也有高等院校以及国家各部委退休专家、教授参加，还吸收了一些热心科普事业的优秀中青年学者。演讲团以弘扬科学精神、传播科学思想、提倡科学方法、普及科技知识为己任，演讲内容涵盖现代科学技术的主要领域。演讲团成立 20 多年来，受到了中国科学院、中国科协、北京市和各地政府部门、科协、关工委以及民间团体的亲切关怀和热心支持，足迹遍及除台湾省外全国所有的省、自治区、直辖市及香港、澳门特别行政区，覆盖了 90% 以上的地级行政区。

社会资源的再加工促进“大科普”链条形成

教育部等十八部门《关于加强新时代中小学科学教育工作的意见》将在未来3~5年内持续发力，有效推动“大科普”链条形成，围绕“引导孩子编织当科学家的梦想”这一目标，强调“实践、集成、融合、全纳、协调”五个原则，提出“用好社会大课堂”要求。

（一）思想教育贯穿科普活动全过程

少年自当扶摇上，揽星衔月逐日光。党的二十大报告深刻指出，培养什么人、怎样培养人、为谁培养人是教育的根本问题。培养德、智、体、美、劳全面发展的社会主义建设者和接班人，是全面建设社会主义现代化国家、全面推进中华民族伟大复兴的基石。在青少年群体中持续、广泛、创新地开展形式多样的科普活动，吸引、启迪、培育有兴趣的孩子积极主动参与科学实践探索，是提高全民科学素质、实施人才强国战略、加强科技创新的有效途径。一代代中国科学家百年铸就的以爱国、创新、求实、奉献、协同、育人为核心的科学家精神，是中国科技工作者在长期科学实践中积累的宝贵精神财富。

任何内容或形式的科普活动，都必须聚焦实现立德树人的根本任务和目标，为国育人育才。坚持以伟大建党精神指引立德树人的方向不变、立场不移、原则不改，沿着正确方向去闯、去试、去探索，努力在更高起点、更高层次、更高目标上去推进。认真落实立德树人的责任使命，按照“以铸牢中华民族共同体意识为主线”的要求，引导师生进一步深切感悟中国共产党百余年来初心不改的宗旨。[24]

面对社会资源的选择与再加工，围绕科学家精神、中华优秀传统文化、创新创造思想、思想品德教育、全民科普阅读等内容一定是优质选项，这更有利于在全社会营造崇尚文明、崇尚科学、崇尚创新的良好氛围。在第一篇中，我单独提到弘扬科学家精神主题的活动设计，目的也在此。例如，邀请“两院”院士、知名科学家走进中小学校，围绕新时代科学家精神、科技创新、科学探索、学习与成长等主题，与广大青少年开展对话，分享想法。在科普教育基地、新时代文明实践中心等场所举办有关科学家精神的巡展，大力弘扬爱国、创新、求实、奉献、协同、育人的科学家精神。发挥科学家精神教育基地作用，组织青少年开展现场学习。发挥科技创新“国家队”作用，组织青少年参观高校科研院所实验室。

看到这里，可爱的读者们可能会有这样的疑问：如果青少年科普活动的主题是固定的，例如天文类知识竞赛，思想教育工作如何贯彻始终？要回答这个问题，就得回到本篇关于公民科学素质内涵的讨论部分。我相信，任何科普活动的背后，都有科学思想与科学精神引领。在设计活动的时候，若能突出思想教育的小巧思，那么方案的格局一下子就被打开了。我在这里提供一个思路——“+ 科学家故事”“+ 科学家精神”“+ 社会主义核心价值观”递进叠加。

因此，在整合社会资源的过程中，必须坚持以习近平新时代中国特色社会主义思想凝心铸魂，把青少年思想教育工作提升到战略高度，时刻对青少年进行思想教育这条“灵魂主线”是需要完整把握的。也就是说，活动策划者不能对所有资源都生搬硬套，实行“拿来主义”，必须有自己的思考。唯有这样，才能设计出高质量的科普活动，帮助青少年“扣好人生第一粒扣子”，激发青少年的历史责任感与使命感。

（二）优选优质，驱动科普资源常更新

前文我多次说到，现在是科普事业发展最好的时代。由中国科协主办的科普中国平台以权威科学把关、公益科学传播、海量科普资源为标准，建设了大

数据科普资源中心，将资源按照视频、图文、挂图、音频、活动、电子书等形式进行了分类，实现开放与授权下载，成为国家层面科普资源的第一平台。除此之外，无论是以“斜杠”身份加入科普大军的科普人物、琳琅满目的科普作品（成果），还是异军突起的科普新媒体势力，我们发现越来越多的单位与个人都参与到了科普产业的建设中。面对爆炸般增长的科普资源信息，如饥似渴的我们要保持清醒。我觉得科普中国平台的辟谣板块做得很好，他们每月会组织专家开展评审会，综合信息的时效性、危害性等，甄选出热门流言进行专业解读，并发布“科学流言榜”。如今，公众面对错综复杂的信息时也有了警觉。科普活动的组织者更要在大量的社会资源中去伪存真，优选、精选。

优质科普资源的开发是需要大量成本的。2016 年，我有幸参与了江苏省科普信息化重点工作——江苏省“科普云”信息服务系统落地开发工作，面向省内从事科普资源研发、生产的出版单位、文化单位、影视制作单位征集科普资源，也与当时国内外众多音视频开发单位有了项目合作，深感优质科普视频、动画的创作艰辛。举个例子，我们团队与凤凰音像出版社合作出版的原创科普动画《小诺爱科学》第一季共 50 集，以《科学大众》期刊同名动漫作品为蓝本进行创作，改编成 3 分钟 1 集的动画片。该项目因具有较高的原创性、科学性、趣味性，入选了 2020 年度国家出版基金拟资助项目。当时，在我们创作团队看来，既然已经有了纸质出版物的基础，二次创作的难度应当不大，于是迅速召集人马投入剧本创作与分镜头脚本撰写。至今我还记得，有一集剧情是介绍太阳系的行星分布。在出版纸质期刊时，呈现这个内容只需一张静态插图，按照距离太阳的远近描绘八大行星的形态即可。改编成动画后，八大行星会在各自的轨道上围绕太阳进行同心圆旋转。但问题随之而来：当行星旋转后，它们的轨道角度是不一样的，转速也是不一样的，这就需要在原来静态的基础上进行科学性再创作。其工作量何止翻一倍？！这也是众多游戏、影视公司很少围绕科普主题进行开发创作的原因之一。

随着近几年科普热潮的奔涌，我们也看到了很多贴着“科普”标签、实际有着许多科学性错误的科普资源。按照事物发展的一般规律，市场交易是一个良币驱逐劣币的过程。公众对优质科普资源的大量需求，必然会引导社会资源的提供者自行升级、转型或自我淘汰。

（三）合作共建，实现科普产业多聚合

关于科学教育的若干国家层面文件都在提倡社会化合作，青少年科普活动的源头活水自然也来源于此。如今再也不是单打独斗的时代，我们都是这“大科普”产业链条上的一员。若要更大限度地发挥社会资源价值，产业机制的研究不能缺失。

例如，科普科幻产业。由北京联合大学应用文理学院支持成立的科幻产业研究中心发布报告，深刻指出我国科幻产业在政策扶持、科技创新、文化消费繁荣的推动下快速发展，经历了 1.0 到 3.0 的发展阶段。在文化科技融合的创新影响下，科幻产业的内涵和外延不断拓展，逐步形成“科幻 +”的产业生态。成都市拟制了全国首个城市科幻产业发展规划《成都市科幻产业发展规划（2023—2027 年）》，加快建成具有全球影响力的中国科幻之都，聚焦构建创新支撑体系、壮大科幻产业集群、打造载体平台体系、建设科幻消费市场、塑造城市科幻品牌、培育科幻人才队伍、营造优质产业生态等七大方面。江苏省科协已经连续 3 年开展江苏原创科普出版扶持计划，持续投入近 600 万元，资助共计 60 部原创科普作品出版。江苏省科普作家协会持续开展青少年科普科幻创作等活动，发掘培养了众多科普科幻青年创作人才。

又如，青少年研学产业。教育部等 11 部门印发的《关于推进中小学生研学旅行的意见》指出，中小学生研学活动是学校教育和校外教育衔接的创新形式，是教育教学的重要内容，是综合实践育人的有效途径。让孩子走出教室、探索自

然、接触社会，通过实践体验，达到知行合一。这种教育形式已被教育部门、学校、家庭广泛认可。近年来，每到小长假、黄金周、寒暑假，“研学热”就会席卷全国。丰富多彩的研学项目吸引家长和学生的关注，越来越多的孩子参与到研学活动之中。[25] 与一般旅行活动不同，研学具有课程化的特性，有着“教育 + 旅行”的跨业态价值。在“双减”政策要求下，青少年研学旅行市场无疑需求庞大。

又如，科普类课后服务产业。教育部办公厅、中国科协办公厅印发的《关于利用科普资源助推“双减”工作的通知》明确指出要发挥科协系统的资源优势，有效支持学校开展课后服务，充分利用科普资源助推“双减”工作，并特别指出引进科普资源到校开展课后服务。各地各校要以“请进来”的方式，引进一批优秀科普人才和相关科普机构，有效开展科普类课后服务活动项目。这里有没有产业逻辑？答案是必然的。按照相关规定，学校给予在职教师的课后服务补贴费用一般在 60 元 / 课时。同时，可以通过财政专项拨款和学生自发交费等多种方式，购买第三方服务或者开发自主的科学课程。江苏省青少年科技教育协会每年遴选一批适合学校科学类课后服务企业，面向社会发布“校企合作白名单”，助力青少年“双减”政策落地。

再如，儿童劳动教育产业。2020 年，中共中央、国务院印发了《关于全面加强新时代大中小学劳动教育的意见》，教育部印发了《大中小学劳动教育指导纲要（试行）》。两份文件都重点强调劳动教育是中国特色社会主义教育制度的重要内容，要把劳动教育纳入人才培养全过程，贯通大中小学各学段。同年，《义务教育劳动课程标准》颁布，为劳动教育进入学校课程体系提供了基本依据和具体指导。从当年秋季开学起，劳动课正式成为中小学的一门独立课程，学生们正式学习煮饭做菜了！自此，围绕劳务教育的体验活动纷至沓来，有单位设计开展如“七彩田园”青少年农业科技实践基地建设活动，邀请家长带着孩子远离喧嚣的城市来到乡村，从播种、浇水、耕耘、捉虫开始，再到采摘、收获、交换，体验农村的生活，品味劳动的甘苦，分享收获的喜悦；采用会员登记制度，让孩子可以领取自己的“土地证”；活动方免费提供种子，并配专人指导孩子种植以及进行日常管理；还有专门的网站可以为会员提供绿色农产品配送服务，让孩子成为“小小农场主”。有的单位重新改造废旧校园，并参考世界领先设计思路，规划中小学生劳动教育专业体验中心，通过与当地教育局共建形式，为该地区学校学生的劳动实践课提供校外教室。这也是一种很好的产业探索。

以上各种产业想要繁花似锦、如火如荼地持续开展，必定需要共建共享机制给予支撑。社会资源整合是一项长期性的工作，青少年科普活动所需要的科普资源的持续开发、内容的丰富以及形式的多样，应有相关科普资源开发中长期规划方案支撑。省（市）级科协等单位应当主动牵头，对所在地区当前科普产业发展趋势、渠道传播效应、青少年科普工作全局开展调研，有针对性地提出 3~5 年内的科普资源共建共享工作规划，以文件形式落实方向、明确目标，给出科普资源开发工作的指导性意见，以实现产业链做长、做强。

科普服务的有效配送为社会资源供给赋能

2018 年，国务院副总理刘延东在听取《全民科学素质行动规划纲要》实施工作汇报后指出：“深化科普供给侧结构性改革，紧跟信息化发展步伐，坚持公平普惠、重心下移，满足人民的美好生活需求。”科普供给侧是什么？科学普及是一项提高公众科学文化素质、推动经济发展和社会进步的公共服务。近年来，中国科普事业得到蓬勃发展，全民科学文化素质显著提高，但是也逐步暴露出服务模式单一、成本偏高、覆盖面小、公众参与度低等问题。传统科普服务难以满足公众日益增长的科学文化需求。

（一）社会资源科普化是个蓄水池工程

人们常说：想要给学生一杯水，老师要有一桶水。无论是传统教育还是人工智能教育，对施教者传道授业解惑的要求越来越高。科普活动作为高阶教育形态更是如此，唯有以海量资源作为坚强后盾，才能满足青少年日常科普需求。新媒体时代下，“各个领域之间的边界被打破了，原来互不往来、形态各异的媒体已经走到一起尝试多领域的跨界合作”[26]。社会资源科普化后建设的科普资源库，将为新形势下科普事业各业态升级转型所需的“科普中央厨房”提供强大的“食材”储备。一个西红柿有多少种吃法？可以有生吃、凉拌、红烧、入汤或制作成番茄酱等诸多选择。科普资源也是一样。例如，可以采用多少种形式解释牛顿第三定律（作用力与反作用力定律）？视频、动画、图文或现场科学实验都可以。巧妇难为无米之炊，没有食材，再好的大厨也无用武之地。

社会资源科普化需要久久为功。除了前文提到的中国科协科普中国平台建设，已经有很多专兼科普单位开始重视这个问题。例如，科普出版领域正发生着重大变化。媒体融合发展是互联网背景下的必然选择。传统科普期刊应对新媒体时代的必由之路有“以读者为中心，转变编辑策略”“媒体联动，多媒体模式发展”“技术升级，建立数据库营销模式”3 个方式。[27] 纸质媒体的市场空间正被数字媒体不断挤压。但是，对于任何一种出版形态，“坚持‘内容为王’也是科普期刊在新媒体冲击下存活的关键”[28]。因此，传统媒体进行数字化改造有着较好的资源优势。同时，随着电子商务的不断发展，人们的购物习惯和购物方式发生了革命性改变。入选中国科技期刊卓越行动计划的《科学大众》期刊借媒体融合大势，充分发挥自身的资源优势，盘活自身数十年积累的科普资源及客户群体，推动传统媒体转型，重点打造新媒体时代的科普产业；始终贯彻“移动优先”，构建涵盖报纸、网站、“两微一端”等传播渠道的“融媒体传播中心”，充分利用媒体融合先进手段，生产和传播优质科普内容；同时，坚持“用户意识”和“产品思维”，坚持科普服务生活，在媒体融合的实践中，努力探索出一条有鲜明特色的科普媒体融合的科学文化平台服务建设之路。截至2023年12月，资源库拥有科普资源总量达9.57 TB，有科普视频2686个（10383分钟）、科普动画1347个（3593分钟）、科普图文3878篇、科普电子书521部、科普音频157个（793分钟）。

《航空知识》期刊社组织编辑力量研发了面向小学、初中学生的“航空航天STEAM课程”，走进全国多所中小学校，给青少年带来可视、可感、可探索的“航空知识”。如“我来设计跨洋航线”项目，用全球航班图大数据分析、航线飞行路线分布、平面地图与地球仪上航线类比等科学知识激发学生好奇心，引导学生在小组讨论中将科学、数学和工程等学科知识应用到解决实际问题中。同时，每年举办各类航空航天研学项目，让学生在沉浸式学习中提升航天科技文化水平。

《课堂内外》期刊社全力构建“产学研”发展新格局，在巩固科普期刊出版的同时，开展文学、科学、财经、艺术、演讲等方面的系列活动大赛及国内、国际研学夏令营，从多个方面入手，全面提升青少年的核心素养。[29]

以上介绍的仅是个别科普期刊社的一些创新做法。实际上，和科普创作类似，融媒体传播、科普活动、基础设施建设、科普信息化等领域都在科普实践中努力实现社会资源科普化。随着全国经济的稳步前进，新时代的科普人应该满怀欣喜地期盼有更多的科技型企业和科技工作者加入进来，共同助力科普“蓄水池”工程建设。

（二）精准科普才是助力“双减”的有效路径

精准、适配已经成为新时代青少年科普活动的重要标准。人工智能的迅速发展、新媒体时代铺天盖地的同频共振，让科普知识不再是金字塔里的秘密，使获取信息的方式、渠道变得更多。互联网世界几乎能解决日常生活中绝大多数的疑问。我记得在一次青少年科普阅读分享活动上，有位来自南京古生物博物馆的老师问：为什么恐龙时代的生物都很“巨型”，植物茂盛？现场好些一、二年级的学生异口同声地秒答：因为气候温暖，大气中含氧量高。当代青少年接收的信息量是数十年前无法想象的。

教育部要求一个全面发展的学生必须具备六大核心素养，它分为文化基础、自主发展、社会参与三个方面。我认为，学科教育所培养的，与科普活动的价值理念在核心内容上是一致的，即“让青少年更好地生活”。科学教育应选取与日常生活紧密联系、注重跨学科综合及实践的内容，尤其是基于真实情境的问题解决，课程及活动设置要富有层次性和挑战性，以提升青少年的好奇心、探索欲、成就感。[30]

按照活动开展预设目标划分，有普及型活动，也有提高型活动。例如，江苏省中小学生金钥匙科技竞赛面向百万青少年学生普及科学知识，而江苏省青少年科技创新大赛针对科技创新人才进行选拔培养。定位不同，科普内容自然也是不一致的。相较于一般性人才培养，拔尖创新人才培养在理念、制度、内容、方法与途径上截然不同，是非常态的，不存在固定的培养模式，必须及早发现、精准施策、个性化培养。[31]

按照活动受众的教育阶段划分，有小学阶段的活动，也有中学阶段的活动。例如，全国中学生科普科幻作文大赛针对高中学生开展科普科幻创作，江苏省中小学生科普科幻作文大赛的参与对象还包括了小学、初中阶段学生。两者在大赛命题、评价标准上自然也不一样。按照活动受众的区域划分，城市学生与农村留守儿童接触到的科普内容自然也不会完全一致，例如天文仪器观测实践与“三下乡”科普进村活动。

抛开活动本身，不同青少年学生自身关注的科普热点也不完全一致。2021

年，江苏省科学传播中心在江苏范围内开展了科普专项问卷调研活动，共计收回问卷 20115 份。其中，有效问卷 20102 份，分别是小学低年级 6347 份、中高年级 10227 份，初中卷 3528 份，回收率为 99.93%。数据表示，“动植物”“天文”“动漫”是青少年喜爱的前三位，分别占比 78.1%、67.5%、63.2%；选择“军事”的占比 49.2%，选择“地理”的占比 48.5%，选择“科幻”的占比 47.6%。学年段、性别、地区差异都会对青少年的选择产生显著影响。通过调研可知，有 41.7% 的青少年认为他们看到的科普内容重复率很高，例如对于航天日、地球环境日等重要节日，或者是诺贝尔奖等重大事件，科普作品的表述内容大致相同。图书的选题、组稿方向较为一致，大多是泛泛而谈的公众普适性内容，这在一定程度上导致青少年在科普阅读过程中失去了兴趣。不仅如此，除了内容外，在科普形式上，91.3% 的青少年认为纸质科普图书没有动画、视频等新鲜有趣。青少年对家庭科学小实验、最新科技讲解、科幻作品需求很大，对科学知识点的理解程度、科普作品的呈现方式及实际运用都提出了要求。

孩子需要什么，是每一位科普活动策划者必须思考的问题。随着社会信息化的迅猛发展，社会资源科普化工作也需要适应新环境、新变化，根据实施区域青少年的成长特点、实际需求、认知规律、阅读习惯等，在确保科普信息的及时性、准确性和针对性的前提下，对社会资源进行合理利用。

（三）科普资源配置均衡化亟须重视

在“双减”背景下做好科学教育加法，要尤为突出让中小学生“像科学家和工程师那样”，在科学探究实践中发展知识与技能，并在科学技术活动中创造性地迁移应用，解决新问题、应对新情境。[32] 科普活动开展的意义也在于此。我们欣喜地看到越来越多的学校关注到科学探究实践的重要性。时代赋予了科学教育神圣使命，但有个问题不容忽视——经济差异、认知差异导致科普资源不均衡的问题也越发凸显。东西部地区均衡化、城乡均衡化……不难发现，宣传口号热烈呼唤的内容，往往是缺失的。正因为不均衡，才需要重点强调。如何让科普资源配置均衡化，缩小不同地区的科学教育差距？这不仅仅是科普人需要面对的问题。

2023 年 6 月，中共中央办公厅、国务院办公厅印发了《关于构建优质均衡的基本公共教育服务体系的意见》。由此可见，我国正通过全方位改革举措的制订与推行，促进区域协调发展，缩小区域教育差距，优化教育资源配置。无论从自身发展还是从教育均衡化要求和时代发展方向等方面出发，城乡接合部学校都迫切需要从完善硬件、软件，转变教师观念以及获取家长支持等方面解决资源需求问题。[33]

以江苏科普实践为例，苏南、苏北地区差距较大，个别设区市甚至还停留在“等、靠、要”的旧经验里。在此，我想与读者分享我的亲身经历。2017 年，江苏科普信息化工作热烈开展，在苏北五市免费配送了数以千计的 55 英寸立式信息化大屏，实现通过点击可以进行科普资源互动，受到各地一致好评，在解决“科普最后一公里”问题上作出了贡献。在一次进村调研会上，苏北某地一乡镇工作人员毫不避讳地表示，免费送的科普大屏固然很好，但是如果能把科普大屏的费用给乡镇，再配送几辆电瓶车，用于日常科普宣传工作，就更好了。我那握着记录建议的笔的手僵在半空，无所适从。

这么多年过去了，我始终不能忘记这个事情。免费的好东西只有用好它，才能发挥价值，否则就成了垃圾。

2023 年，为服务学生课后课堂，我们团队研发了双师教学、操作性强的科普实验套盒，同样也将其免费配送至全省各地。我们没有按 13 个地区平均分配，而是采用了向苏北地区倾斜的按需分配方式。通过公开平台，以学校为单位进行申报，签约到校，责任到人，完成要求的教学任务，上传课堂教学视频，提供教学教案。学校切实在“课后服务”中让孩子使用了套盒，还可以免费申请追加。

大家都希望能够公平地得到科普资源。当然，除了人的观念问题外，实际存在的经济实力差距更是主要的制约因素。鉴于此，经济落后地区的各级政府应当发挥牵头作用，加大科普事业投入，根据区域特色发展科普产业；重视科普基础设施，投入建设一批高质量科普场馆；提高科普工作者待遇，鼓励其下沉至农村一线开展科普宣传活动；用足用好优质资源，增强“投资人”信心。达成科普资源均衡化的目标需要全社会共同投入与参与，只有在政府、企业、媒体、学校等多方协同合作的基础上，方能推动科学知识更为广泛地传播与普及，全面提升青少年科学素质。

把科学技术知识交给广大人民群众，交给少年儿童，交给青年一代，这是光荣而豪迈的事业。[34] 以科技强国、人才强国推动实现教育强国是社会主义新时代对教育工作的期冀与要求。科学教育服务强国建设是我国科技创新人才自主培养的根本所在，亦是实现中华民族伟大复兴的挺膺担当。[35] 坚持把抓科普工作放在与抓科技创新同等重要的位置，不断提高青少年科学素质，亟须社会大课堂在今后一段时期充分发挥效能。全社会各级科普组织应当秉持科技自立自强的崇高理念，全面推动科普理念升级、资源整合、传播方式变革以及产业链条优化，充分发挥各类社会资源，共同迎来科学发展的繁荣景象。

参考文献

[1]新华社．国务院印发《全民科学素质行动规划纲要(2021—2035年)》[J]. 科普研究，2021，16(3)：113.

[2]郑永和，张登博，王莹莹，等．基础教育阶段的科学教育改革：需求、问题与对策[J]. 自然辩证法研究，2023，39(10)：11-17.

[3]江苏省人民政府关于印发江苏省全民科学素质行动规划(2021—2035年)的通知[J]. 江苏省人民政府公报，2021(19)：22-40.

[4]潘洪建．中国小学科学课程发展110年(1912—2021)[J]．教育与教学研究，2021，35(7)：45-61.

[5]胡卫平．在探究实践中培育科学素养：义务教育科学课程标准(2022年版)解读[J]. 基础教育课程,2022(10)：39-45.

[6]卢新祁．学习新课标，走进科学教育新时代：《义务教育科学课程标准(2022年版)》的落实意见[J]．江苏教育，2022(49)：40-43.

[7]郑永和，杨宣洋，彭禹，等．提升中小学生科学素养的内涵要义与实践路径[J]．人民教育，2023(20)：61-65.

[8]李秀菊，林利琴．青少年科学素质的现状、问题与提升路径[J]．科普研究，2021，16(4)：52-57+108.

[9]杜鹏，张理茜，沙小晶．科技资源科普化的实践逻辑[J]．科普研究，2023，18(5)：14-21+79+111-112.

[10]南京玄武区教育局．科学教育如何做加法？构建区域“科学+”协同育人链，串起多层次科教资源[EB/OL].[2023-05-23].https://www.thepaper.cn/newsDetail_forward_23229897.

[11]曾川宁．江苏省科技馆事业发展现状分析与对策研究初探[J]．科协论坛，2011(1)：38-41.

[12]王菡娟．全国共有科技馆和科技类博物馆1677个[N]．人民政协报，2023-01-05(7).

[13]过利平．凝聚服务科技自立自强的磅礴力量[J]．群众，2023(13)：42-43.

[14]宋娴，蒋臻颖，李晓彤，等．国内外博物馆科普教育活动案例与评析[M]．北京：中国科学技术出版社，2020：6-7.

[15]付睿，毕红漫．德国教育智库的类型、特点及启示[J]．比较教育学报，2021(5)：26-40.

[16]殷皓．现代科技馆体系助力新时代科普事业高质量发展[J]．自然科学博物馆研究，

2022，7（5）：5-9.

[17]孟令红．芬兰小学科学课程评价特色及启示[J].湖北教育（科学课），2020（4）：80-82.

[18]单道华．小学科学表现性学习与评价简述[J].湖北教育（科学课），2018（5）：44-46.

[19]中华人民共和国教育部发展规划司．中国教育统计年鉴[M].北京：中国统计出版社，2021.

[20]郑永和，李佳，吴军其，等．我国小学科学教师教学实践现状及影响机制：基于31个省（自治区、直辖市）的调研[J].中国远程教育，2022（11）：46-57.

[21]徐海鹏，陈云奔，李天卓．科学教育中的科学资本：国外研究的现状与启示[J].比较教育学报，2022（1）：143-153.

[22]郑永和，杨宣洋，王晶莹，等．我国小学科学教师队伍现状、影响与建议：基于31个省份的大规模调研[J].华东师范大学学报（教育科学版），2023，41（4）：1-21.

[23]黄河，郑满，肖霞，等．基于科普资源平台“科普重庆”的人才服务数字化建设路径探析[J].今日科苑，2023（8）：15-25.

[24]顾华详．以伟大建党精神引领青少年“筑基”工程的路径研究：基于党的二十大报告关于教育和青年工作的视角[J].实事求是，2023（6）：48-57.

[25]朱玺．研学携手科学，共助青少年成长[N].科技日报，2023-07-12（5）.

[26]黄楚新，代晗．融合背景下传媒经营新趋势[J].新闻战线，2019（5）：54.

[27]付玉晶．传统科普期刊在新媒体时代的发展探究[J].传播与版权，2014（2）：45.

[28]俞敏．科普期刊内容产品化和全品牌运营的转型发展[J].中国科技期刊研究，2018，29（6）：633-634.

[29]张波．我国科普期刊研究流变与态势[J].中国科技期刊研究，2018，29（1）：8-13.

[30]刘世清．深化贯通培养 造就拔尖创新人才[N].中国教育报，2023-04-18（2）.

[31]杨健．“双减”背景下中小学科技创新活动的问题省思与推进路径[J].江苏教育研究，2023（12）：8-13.

[32]黄晨，孟令旸，李丹．城乡接合部学校家庭教育的信息化普及[J].教育实践与研究（C），2022（11）：38-41.

[33]王天一．试论科普刊物编辑的修养[J].编辑之友，1985（3）：54-57.

[34]郑永和，周丹华，王晶莹．科学教育服务强国建设论纲[J].教育研究，2023，44（6）：17-26.

第三篇

如何
创新活动实践

01 “五个秘诀”助你练好策划创新内功

02 灵感来源于“厚积薄发”

03 创新≠全盘推翻

04 创新要服务“双减”实际需求

05 巧用互联网的翅膀飞得更高

THREE

进入 21 世纪，在第二个百年新征程起步阶段，全社会数字化转型、科教兴国和人的全面发展三重叠加，社会公众对科学技术知识的消费超过以往任何时期，消费意愿愈加强烈，对深层次知识消费和泛在化消费也提出了更高要求，党的二十大报告明确提出要“加强国家科普能力建设”，这均为我国科普供给体系下一步高阶转型提供了方向。[1]

创新是活动策划过程中最困难也是最有趣的事情。我时常被问：这个方案的创新点在哪里？久而久之，我逐渐被迫养成了“思考创新点”的习惯，面对诸如此类的问题时，都能强颜欢笑、一本正经地“胡说八道”。作为一名普通的专职科普工作者，大学毕业后的第一份工作从业至今，我真的很幸运，一路受到很多好老师真心真意的帮助。始终记得，刚入职《科学大众》杂志社工作时，我的师父范瑞顺老师说：做活动是非常辛苦和琐碎的，需要付出更多的精力和耐心！始终记得，全国普通高等学校教材《物理学》主编、东南大学教授马文蔚老师担任我们竞赛专家期间，多次跟我说过：创新是有必要的，但是步子要小一点，看准了，想明白了，再下手。多年的活动实践也让我越发明白这个道理。前辈们的谆谆叮嘱，在我困难时给了我勇气，在我沮丧时给了我信心，在我成功时让我淡定。

在讨论创新实践之前，我们来思考一个问题：如何定义科普活动标准？每个活动执行者心里都会有自己的标准。我呢？我想应当是通过策划做到“一次核心采集、多种效果生成、多元渠道传播”，可以让“活动流程平台化、活动内容定制化、活动方式趣味化、活动数据可视化”。

01

“五个秘诀”助你练好策划创新内功

练习“创新思维大法”，内功是关键。独特的创新思维和策划能力不是几天就可以速成的，需要不断练习和提升。用好资源平台、加强科普研究水平、梳理全年科普基础工作、提升团队协作、锻炼多头并举能力都是创新前提。

在社会资源的“蓄水池”里练好“水上漂”

我在本书第二篇提及，社会资源科普化的“蓄水池”正在全力蓄水，汇聚各方科普信息资源。充分利用好大数据与重大科普资源平台，对于提高全民科学素质、促进科技创新具有重大现实价值。建议收藏关注现有的一些优质平台，包括中国知网、专利网、科普中国、公众科技网、中科院物理所网站（官方微信公众号）、科普云（慧科网及官方微信公众号）以及科学传播在线等。

作为我国知名的学术资源库，中国知网汇聚了海量学术论文、图书、期刊以及会议论坛资源，涵盖各个学科领域，为科普工作者提供了丰富的学术资料和交流平台。中国知网采用知识付费的方法供使用者下载学习，和游戏充值相比，还是有价值得多，越新、越长的文献费用相对就会高一些。自从中国知网增加了“我的论文认领”这一功能后，大家下载自己的文章就不用付费了。

国家专利平台有很多，例如中国专利公布公告网、专利检索及分析网、国家专利信息服务平台、国家重点产业专利信息服务平台以及中国专利网等。通过这些平台，公众可以快速、方便地查询和获取专利信息。

科普中国平台以提升全民科学素质为目标，汇聚了各类科普资讯，包括文章、视频、动画、图片等多种形式，内容涵盖健康、生活、科技、教育等多个领域，为公众提供了丰富的科普知识资源。它是全国范围内科普领域最为权威、专业的传播平台，以科学、准确、实用的有效信息服务公众。

公众科技网专注于科协系统工作，它作为科协系统门户网站，兼具工作信息发布和报道科技前沿动态、科技创新成果功能，帮助公众了解科技发展趋势和动态。网站内容覆盖科技新闻、政策法规、科技产业及技术创新等方面，特别是科协系统的各级评奖、课题申报信息都会在此公布，不容错过。

中科院物理所在科普传播领域可是“网红”级别。作为国内外知名物理学研究机构，它组织了一批中青年物理学家通过线上平台，分享物理科学研究最新成果，其内容轻松有趣、谈吐幽默，为广大青少年贡献了丰富的知识资源。

“科普云”（江苏“科普云”信息服务系统）作为“门户网站 + 手机APP+ 信息科普大屏 + 微信”四位一体的云端科普资源聚合平台，集成科普资源、科普资讯、应急避险等内容。特别值得一提的是，“科普云”平台在科普中国平台建设之前已有了完整架构，彰显了江苏作为科教大省的领先意识。

科学传播在线是以科学传播为主题的网络平台，致力于推动科学普及和科技创新。平台设有各类科普栏目，涵盖科普出版物、科学家故事、科学实验、科普挂图等内容，为科学教育提供丰富的素材。同时，在“十四五”期间，平台还将作为“科普江苏”省级数字化科普资源共享平台的有益延伸。

当然，适合收藏的科普平台还有很多，这里就不再一一赘述了。我相信，扎实开展科普工作的每个人都有自己独特的“收藏夹”，能充分发挥这些大数据科普资源平台的重要作用，拓宽知识视野，培养理性思考，在知识的海洋中畅游。

在论文研究领域一出手就是“如来神掌”

科普人常说自己会干活，不会写文章。我们有些同志宁愿打100个联络电话，也不愿意写100个字。可是，怎么办呢？我们总不能让别人说，搞活动的人天天蹦蹦跳跳，只会订订房间，约约车辆。学术研究对于科普工作者个人职业发展是必不可少的过程，论文撰写和课题申报是不可或缺的重要环节。为了在这个过程中取得更好的成果，可能需要掌握一些关键技巧。

首先要解决论文主题的问题。这里有个好方法：可以登录专业期刊官网检索年度选题刊例。当然，对于没有习惯使用论文用语的新手，刚开始看到核心期刊的选题目录时会有一些茫然，这是正常的，但这个方法可以让你查询想要投稿的期刊往期发表的文章。我的经验是：看完过去一年这本刊物的重大栏目分类和文章目录，对这本刊物的定位有大概的了解；再回看征稿启事上的选题要求，反复大声朗读，从几十个选题当中挨个删除自己目前暂时不了解的内容；删选几遍后，留下2~3个选题，就可以进行下一步了。除了登录期刊网站以外，还有个好办法，就是参加中国科普研究所、《中国科技教育》期刊社、《中小学科学教育》编辑部等单位组织的征文活动，可以关注他们的官方微信公众号。他们每年有很多次论坛论文征集，不少选题比较“接地气”，一般排名较前的论文还能得到正式出版。这既可以锻炼文笔，还不需要费用，真心好。而且随着笔耕不辍，你对论文写作的格式、技巧也会逐渐熟悉，对当前科普研究的主题也了然于心。和大家分享一下我的一个投稿小故事。我在中国科普研究所网站上看到了《第十五届“馆校结合 · 科学教育”论坛征稿通知》。第一次看到时并没有在意，因为我并不是科普场馆工作人员，也不是学校人员，总觉得这个主题与自己实际工作关联不大，不是那么好人手。隔了一段时间，中国科普研究所的官方微信公众号再次发了这个征稿通知。根据我们组织活动的经验，如果第一次发布活动通知后，投稿数量或者质量还没达到预期，一般会再次发布活动通知。所以，我对此重视起来，仔细认真地翻阅了选题。我发现第二次通知中对“馆校结合中的主要问题和短板——将场馆资源与学校科学课深度融合所面临的难点” 这个选题作了微调整。这就有意思了，说明什么？报送这个选题的人大抵不多。场馆人员一般会选择写“馆校结合中的相关工作”这样的主题；而学校科学教师关注的大多是教育类论文写作或者征稿，对科协系统的内容关注度不高。经过这么一分析，我判断这个选题的论文征集难度比较大，反而容易出彩，于是就选择了对这个主题进行研究。很快，我通过与科普场馆人员、一线教师进行调研对话，查询了有关“馆校结合”的一些数据，补充了最新的政策资料，整理相关思路后撰写了论文，最终结果比较理想。

其次是怎么写的问题。论文的写作方法这里就不展开叙述了，科普论文和其他学术论文的体例大抵都是一致的，理解了论文撰写的核心要素，并具有创新性和科学性的想法，再配上严谨的结构和流畅的语言表达，这样被接受发表的概率就会提高。如果觉得一下子就开始写作论文有点难，也可以从撰写科普活动的宣传稿入手，学会有效地宣传和梳理活动成果，终是实践归纳至理论、理论再指导新实践、新实践再归纳新理论的过程。还可以参加科普论坛、学术会议，与同行交流。这里有个小技巧：定期梳理自己的工作成果，哪怕每次只写几百字，慢慢写，不断总结经验和教训，也能为将来的薄发奠定基础。

最后，重视课题申报的技巧和策略。课题申报是获得教科研资助和项目支持的重要途径。目前，国家、省、市级科普课程项目很多，它们不仅面向专业科研人员，也面向大中小学校、科普场馆、企事业单位的工作人员。公众可以通过相关信息平台查询到申报信息，当然还要花点时间去了解不同课题申报的要求和流程，掌握申报技巧。特别是要关注国家政策和行业动态，结合自己的研究方向和实际需求，制订合理的申报策略。

心中有一张全年重大科普“推背图”

合格的科普活动组织者从来不打无准备之仗。活动集中展示时间可能只有几个小时或者几天，但是准备时间可能是一个月甚至半年。除了活动展示期以外，科普人都在默默努力着。我想，即使天赋异禀，也没有到活动开场前一天才开始准备的工作人员。因为这个工作的性质就是千头万绪，非一日之功。

亲爱的读者，看到这里，我想与大家交流一个问题：一个成功的活动是何时结束的？是活动结束的时候，是后续报道发布的时候，还是年底开总结会的时候？不，对我来说，活动正式开始前，就已经成功地结束了。我经常和团队成员说一句话：一个优秀的活动策划者在活动发生的当天可以不在场。这话说得有点绝对，但是我想表达的意思是：当你方方面面均有详细的考量和分配后，活动的执行无非把你在脑子里预演的内容在现实展演一遍罢了。每个执行者都是棋子，哪些人放在哪里、承担何种任务都是可控的。当然，活动策划者又是不可以不在场的，因为这样的角色相当于定海神针，能给团队成员吃颗定心丸罢了。请注意，上述我所提到的“定海神针”“定心丸”都是指活动当刻提供的情绪价值，并不是指到活动现场了，因为作为策划者的你还要去解决若干实际问题。即使是成千上万人的青少年科普活动现场，也是如此。所以，在活动执行现场，但凡突然接到某个同志的来电，我就知道一定是有突发状况了。

制订与设计专属科技活动年历（或者思维导图），根据重大科普时间节点、重大竞赛组织、学校特色活动等进行记录规划，是非常好的工作方法。工作一般分 4 种：重要而紧急的、重要而不紧急的、不重要但紧急的、不重要也不紧急的。应该把大量的工作精力放在“重要而不紧急的”工作上，不想长时间当“救火队长”，唯有提前规划。工作 1~2 年后，即使是新手也会对全年重要的常规活动有了认识，因为每年增加的新内容毕竟有限。

这里也有个工作小技巧想与大家分享：手中有粮，心中不慌。每年的 12 月可以着手制订第二年的全年重要科普时刻，条目化地表述出上半年的重大工作计划，同时更为详细地写出第一季度要完成的工作任务，最后可用“月度工作表”的形式将计划内容打印后张贴在办公室里。还要形成良好的工作习惯，做不到“每日三省吾身”，至少也要“每周三省吾身”，核对核查一周工作的疏漏，考虑下周的工作推进计划。现代人绝大多数都有“拖延症”，只是程度不同罢了。和青少年时期纯粹的学习时光不一样，成年人工作后每天仿佛会被 100 件事情羁绊，需要在各种手机 APP 上“打卡”，需要填写各类表格，需要提交各种材料，兴致勃勃地做好计划但到下班还没有完成，这也是很正常的。所以，必须根据个人习惯制订任务清单。例如，我的一周安排通常是：周一忙行政杂事，周二至周四忙主要业务，周五整理查漏补缺，周六学习，周日休息。

团队紧密配合，研习“天罡北斗阵”

团队协作的重要性不言而喻。本书的第一篇已经详细说过，在青少年科普活动开展过程中，有很多需要定人定岗的工作，靠个人是无法完成的。为了实现更高的效率和质量，工作中要着重强调团队成员间的协作精神和沟通机制，搭台唱戏、形成默契。若连基础工作都做不好，何谈创新实践呢?

当然，我想在这一部分表达的团队协作不完全是简单的事务性协作关系，不是实体化的一个部门、一个团队的单纯协作，更多是科普人调动所有能调动的社会资源，进行大科普、跨学科、多领域的协同作战。伴随着我国公民科学素质建设的不断推进，思考怎样提高科普资源的利用效率、开发出更多优质并具有原创 IP 的科普资源，在科普信息化推进过程中，怎样实现“互联网 +”科普，使科普资源真正服务于公众，特别在青少年群体中起到实效，是提振科普事业发展的基本保障，是提升我国公民科学知识水平的有效举措。

为了提升青少年科普活动质量，我们应深入理解大科普概念的实质，并积极探索和实践创新共享机制。更重要的是促进多领域的融合发展，打破学科壁垒，实现资源的优化配置和高效利用。例如 STEM，它是科学（Science)、技术（Technology)、工程（Engineering)、数学（Mathematics) 四门学科英文首字母的缩写，是近五年来很火的科技教育名词，充分展示了跨学科教育思维。若开展青少年的科普活动时不提及此，仿佛都显得档次不够。实际上，由于组织者对跨学科教育的理解程度不同，其实际开展的活动自然也是良莠不齐的。但我始终保持一个观念：做，比不做强。更有“STEM+”的有趣跨界，例如“+A”，即艺术（Art）等科学教育新实践。这些舶来词也挺好，代表了一种推动科普工作全面进步的理念或者方式，为青少年科普活动策划注入新的活力。再如，跨学科协同创新也是推动科普事业发展的良好做法。不同学科背景的专家关注不同领域的新成果和前沿动态，有助于形成互补优势，丰富科普内容，拓宽思维视野，促进创新发展，共同解决复杂的科学问题，更有利于将这些成果及时应用于科普工作中，提升科普的深度和广度。

创新的本质就是“+”，是在实践基础上做加法，绝对不是无中生有。能盘活手中资源，发挥“1+1>2”的作用，方为创新高手。任何一个科普人都会有“脑雾”的时候，我通常会鼓励自己：再想想办法，找找谁。下文我会通过一些策划案例，详细介绍跨学科的设计思路，供大家参考。

一心多用，方能“左右互搏”

一心多用是一种重要能力。有些人可以在同一段时间里，接收、分析、处理多个任务和信息。大多数人通过训练也可以掌握“左手画圆，右手画方”的技能。仔细观察，你会发现，创新思维活跃的人，往往可以同时处理好些事情，表象上看就是工作效率高、工作能力强。实际上，在进行活动策划的时候，传统的点到点单线思维不能强化创新意识，必须要让自己的思维方式实现从点到面的发散转变，才能“灵光一现”。这种“突发奇想”往往是大脑的“蓄谋已久”。

我们常年举办的竞赛项目中有一个固定的题型——发散思维题。例如，如何解决城市里私家车停车难问题？学生们通过观察、调研、查询资料等多种方式提出自己的设想，只要提供的答案合理即可，因为发散思维题往往没有标准答案。这种题强调思维方式的流畅性、灵活性和创新性，能够提高青少年的科学素质，是解决问题、创新观念的一种思维训练方式。

对于活动组织者也是一样的，他们通过丰富的实践积累，不断扩展自己的知识面，为创新做好准备，同时运用逻辑推理、批判性思考等方法让自己的思维“左右互搏”，提高分析问题和解决问题的能力。

回到本篇开头前辈说的那番话：创新即每次进步一点点。我们知道讲好一个故事，需要注意：时间、地点、人物、情节。那么改编一个新故事呢？尝试分别改变每个因素：现代发生的事情变成了古代——穿越剧；地球上发生的事情搬去火星——科幻剧；单枪匹马的孤胆英雄换成复仇者联盟——群像剧；正面军事对抗化身情报信息战斗——谍战剧。活动策划也是如此。放弃固有思路，尝试调整某一个固有元素便是创新。因为我始终相信，只要愿意尝试改变，都是值得赞许的。哪怕结果不尽如人意，下次再调整便是，也永远不要让自己失去大胆思考的勇气。

这里要补充一点：通过训练仍然无法一心二用的人，在活动开展过程中也非常有价值，因为他们的专注力非常高，对任务完成的目标、标准、要求都有强烈的使命感。如果给他们分配一些需要有耐力、强执行性的工作，相信他们会完成得非常出色。

02

灵感来源于“厚积薄发”

前文说到，苦练基本功是十分必要的。有了基本功的加持，遇到好的素材，灵感自然会喷涌而来。一个优秀的活动策划应当具备“四个好”：第一个是好的主题，契合当今世界对科普发展的时代需求；第二个是好的创意，重新定位当代的科技教育，强调学生之间的合作交流、动手探究，创新和探究思维的碰撞要形成自主发展的科普体系；第三个是好的传授者，倡导传播者终身学习，提高科学素质，主动探索科技教育和科学普及的新路径；第四个是好的手段，充分发挥资源优势，搭建“互联网 +”科普平台。

下面给大家介绍我们如何策划并实施江苏省青少年“诗词里的科学”网络挑战赛活动，以期交流。

跨学科创意形成过程

融媒体时代下，科普期刊应以科普活动为载体，以优质内容为支撑，明确刊物定位，提高刊物品牌影响力，进而完成创新转型任务，促进科普期刊业进步与发展。[2]

在我国源远流长的历史长河中，有着丰富多彩的优秀传统文化，如传统建筑、民间工艺、琴棋书画、古玩器物、医药医学等，这些传统文化无不蕴含科学知识和故事，闪烁着科技文明的光辉。[3] 为充分发掘中华优秀传统文化蕴含的科学内涵，将诗词与科学相结合，引导广大青少年从小坚定文化自信，争做德、智、体、美、劳全面发展的社会主义事业建设者和接班人，《科学大众》杂志社顺应融媒体创新发展大潮，准确定位科普对象，服务读者，将国学与科学相结合，首创以“赏诗词之美，品科学之道”为主题的“诗词里的科学”品牌建设项目。

2016 年初，国务院办公厅发布的《全民科学素质行动计划纲要实施方案（2016—2020 年）》将公民科学素养提升到“对助力创新型国家建设和全面建成小康社会具有重要战略意义”的地位。[4] 优秀科普期刊对提升公民科学素养起到了积极作用。因此，精品科普栏目建设显得尤为重要。从 2019 年 9 月开始，《科学大众 · 小诺贝尔》推出了全新科普栏目《诗词里的科学》，邀请全国多位科普专家撰稿。每期用 2~3 页的篇幅对一首古代诗词进行科学性解读，全彩配图，从诗词中的科学现象出发，延伸到对科学原理的实际应用，至今已经出版超过 50 期。编辑部建设栏目的初衷是换个角度品诗词。

例如，“人间四月芳菲尽，山寺桃花始盛开。”为什么山上的桃花开得迟呢？从叙事的角度看，这句诗带来的是此处花方谢，另处又盛开的那种意外惊喜。而从科学的角度看，海拔会影响气温，气温会影响花期，所以山上的桃花开得迟。惊喜中还有逻辑性，这样的剖析解读让古诗读起来更有意思。又如，

“读书不觉已春深，一寸光阴一寸金。”光阴指的是时间，可时间为什么用寸来计量呢？原来，“寸”指的是日晷上的一寸距离，古人用日晷记录时间，晷盘上一寸距离所需的时间称为“寸阴”。秤漏也是一种计时工具，是靠一杆秤来称出水滴的质量来换算成时间的长短。再如“月落乌啼霜满天”，一经诵读，秋夜薄霜的场景就浮现眼前了，读者可以思考霜是怎么形成的；“花气袭人知骤暖”，读完感觉风和日暖、花香扑鼻，读者可以了解气味传播与温度的关系；“举杯邀明月，对影成三人”，何等的潇洒豪迈，读者可以思考自然界怎样成“三人”。诗词里有的不止鸿雁传书、醉卧沙场的情，也不止杏花杨柳、疏影横斜的景，从科学的角度看，编辑能从中挖出百科大全的理。编辑策划题库筹建时，经历了先读懂诗，再挖掘科学信息，最后推敲成题的过程。

同时，编辑部还征集了中小学生原创科学诗词。例如，“梅字花头未开稠，冬雪落，残风留。病起江城，深宅人各忧。国士白衣逆苍流，月相守，夜不休。”这首《江城子·抗疫》是扬州红桥高级中学殷明同学创作的。作品以古词牌的形式反映了现代社会生活，表达了当代青少年关心国事、热爱祖国的情怀，体现出较高的文学素养。

创新青少年科普活动方式

大众媒体和科技期刊的科技传播活动，涵盖了普及科学知识，弘扬科学思想和科学精神，促进科学技术的广泛应用，提升人们行为方式的科学化和理性化，从而推动社会整体素质的提高。[5] 江苏省科学传播中心召开活动策划会时，“诗词里的科学”主题映入眼帘，背后彰显的跨学科概念很抢眼。虽然当时也只有一些出版稿件，尚无将其转变成竞赛模式、赛题等考虑，但是这些是很好的创意素材。于是，我们在 2020 年承办了首届江苏省青少年“诗词里的科学”网络挑战赛活动。本次活动以网络为主要载体，分科学文化知识竞赛和诗词创作竞赛两个部分。知识竞赛比赛形式为在线挑战答题，内容包括诗词常识以及物理、化学等方面的知识内容；诗词创作竞赛比赛形式为原创科学诗词作品。活动很快得到广大中小学校、青少年及家庭的热烈响应和积极参与。特别值得一提的是，当年我们大胆地把团体赛活动现场设置在了南京阅江楼山顶平台，选择了晚间亮灯时间开展活动。山下南京城灯火辉煌，不远处南京长江大桥飞架南北。伴随着毛主席诗词“万里长江横渡，极目楚天舒”的集体诵读声，现场的 300 多名青少年还与武汉黄鹤楼前的青少年进行了连线互动，活动氛围一下子就被营造起来了。

实现融媒体平台传播

科技期刊与大众媒体的融合发展，可以整合科技传播内容，实现不同媒介之间科技信息资源的共享。[6] 为更好地发挥“诗词里的科学”品牌价值，充分利用融媒体平台进行科学传播，形式多样的传播内容生产显得尤为重要。我们组织各类专家对古诗词进行详细的梳理研究，开发了 1000 多道赛题，自主制作开发了网络和手机端答题软件系统，实现移动端传播。科普期刊的“内容”最具竞争力，无论传播形式如何变化，优秀的传统科普媒体，其权威、真实、原创、有深度的内容资源不可取代。[7]《科学大众》杂志在原有栏目的基础上，撰写图文专题文章 69 篇，制作视频 27 个，实现传播素材积累。融合媒体具有对信息的实时化分享、精准化推送及分众化传播等优势。[8]因此，在融媒体平台建设方面，充分利用央广国际在线、“学习强国”江苏学习平台、江苏广电优漫卡通卫视、人民网江苏频道、新华网江苏频道、《新华日报》、交汇点等重点媒体，对活动专题进行了广泛报道。腾讯平台分别在南京、苏州、徐州、镇江、扬州等地投放朋友圈广告721900条。腾讯APP江苏频道页置顶活动介绍，点击量达62568人次。央广国际在线江苏频道为活动发布专题网页，策划开展“聚力传播‘云端’赋能”宣传活动。编辑主体要不断提升数字化版面设计能力，借助新兴网络工具和媒体平台，推动编辑活动与网络技术的融合。[9]科学少年社微信公众号（活动主要平台）连续推出“诗词里的科学”活动专题文章94篇，深入解读古典诗词中的科学现象，转发量超过10万次。2020年6月12日《“怕得鱼惊不应人”，鱼是怎么听到声音的？》、6月2日《“飞入菜花无处寻”里的生物学知识》、8月25日《牛郎织女今天见个面，需要多少只喜鹊？》等文章的阅读量上万。从屈原的“惊天一问”到“天问一号”的发射，从盘古的“鸿蒙之气”到面向未来的“鸿蒙系统”，从李白的“北斗美酒”到北斗卫星导航系统为人们的生活开道引航……编辑从古人绮丽浪漫的想象出发，结合热点科普事件，为公众进行全新的诗词趣味解读，契合人们日益增长的精神需求。人民网江苏频道和荔枝网同步对活动颁奖仪式进行在线直播，观看人数分别达到915038人和599932人。

“诗词里的科学”活动至今已成功举办4届，获得中国科协“2020年全国科普日”优秀科普活动、江苏省期刊协会2020“江苏少儿报刊阅读季”优秀活动、2020“典赞·江苏”十大科普活动等荣誉，同时入选2020年江苏省宣传思想文化工作创新成果。2021年，在活动火热举办的同时，我们还结集出版了《诗词里的科学》同名图书，该书入选了科技部公布的2022年全国优秀科普作品榜。2023年9月，我们将“诗词里的科学”图文改编成动漫作品，将于2024年完成第一季创作，正式出版。

从传统文化传承的意义上说，开展中小学中华优秀传统文化教育，对于筑牢民族文化自信、价值自信的根基，培养青少年做堂堂正正的中国人具有重要意义。从科普期刊进校园的效果上说，“诗词里的科学”活动创新性地将中华优秀传统文化与现代科学相互融通，积极引导广大青少年诵读诗词经典，取得了良好的文化教育成果。从融媒体创新实践的探索上说，该品牌活动为精品科普栏目在融媒体时代的创新发展摸索出一套有效“组合拳”。深入挖掘传统期刊内容，将其加工制作成适合快速传播的多媒体产品，充分利用电视媒体、网络 PC 端、手机移动端，通过微信朋友圈、微信小程序等全新投放方式发布，结合青少年喜闻乐见的知识竞赛活动推广形式，真正实现“一次核心采集、多种效果生成、多元渠道传播”的品牌活动融媒体驱动创新。

03

创新≠全盘推翻

如果每个创新活动都是对前面经验的全盘推翻，那绝对是资源的严重损失。创新应当是在原有基础上进行改进和优化，从而具有更高效率、更好体验或更具竞争力的优势。对原有的活动、传统都要保持一颗敬畏之心，特别是刚进入工作岗位的年轻同志，不要打着“创新”的旗号去否定前人工作，因为“存在即合理”。同时，过度的创新也会导致资源的浪费和活动的混乱。所以，在创新过程中，我们要学会把握适度，既要勇于尝试，又要避免盲目跟风，保持可持续发展状态。

下面这个活动，如果是你，该如何进行策划？对于活动要求，领导描述得十分简单：策划系列院士高端报告会。没了，就这么一句话。往往领导的要求越简单，工作的难度也就越大，当然可供你发挥的空间也越大。

系列院士高端报告会是很常见的科普活动，邀请院士专家给公众授课，以传统讲座的形式开展即可。我们来看方案 A。

“院士讲坛”方案 A

一、活动宗旨

为院士专家、领导干部、创新型企业家和科技工作者等搭建交流平台，分享最新科技创新成果、创新思维、创新方法和前沿科技进展，探讨科技创新、产业创新及未来经济社会发展新趋势和新方向。通过既有高端前沿的学术引领，又有宽松自由的学术交流与讨论，增进院士专家、政府部门、企业社会团体和高校科研院所间的相互了解，发挥院士高端智力资源对党委政府科学决策的重要作用。

二、组织单位

略。

三、时间地点

在 XX 学术报告厅定期举办。

四、活动主题

围绕前沿科学问题，我省经济社会发展面临的全局性、长期性问题，以及人民群众关心的热点科学话题等内容。可根据实际热点情况进行分类，也可以征求院士专家意见进行设计。

五、参加人员及规模

以单位组织与个人报名相结合的方式进行，根据主题，邀请领导干部和公务员、科技工作者或者青少年学生参加。线下人数规模约 200 人 / 场，同步线上直播。

六、组织保障

XX 单位负责相关经费，XX 单位负责嘉宾的联系邀请、论坛场地准备等服务保障工作，XX 单位负责论坛的宣传及线上直播等。

附件：拟邀请院士及报告题目（具体内容略）

序号	主讲人	单位职务	报告题目
1	……	……	……

这是一个中规中矩的方案，实施起来没有什么风险，而且还把拟邀请院士和报告题目都准备了，是个不错的选择。在这个基础上，我们继续思考：如何扩写？基础框架有了之后进行扩写是一种很有效的创新方式，因为在越写越全面的过程中，会有更多的想法随之而来。

“院士讲坛”方案 B

一、活动背景

为培育创新文化，弘扬科学家精神，涵养优良学风，营造创新氛围，或为深入实施人才强国战略，培养造就大批德才兼备的高素质人才，或为贯彻落实习近平总书记关于科学家精神的重要论述精神要求，分享最新科技创新成果、创新思维、创新方法和前沿科技进展（①），探讨科技创新、产业创新及未来经济社会发展新趋势和新方向（②），汇聚院士和高端人才资源，发挥院士对我省高质量发展和创新驱动发展的科学决策作用（③），拟定期举办“院士讲坛”活动，围绕国家和省委重大战略部署，邀请以“两院”院士为代表的战略科学家和科技领军人才，为领导干部、科研院所人员及高校师生等作系列报告。

二、组织单位

略。

三、时间地点

在XX学术报告厅定期举办。2024年全年拟开展6场，自1月开始，固定在单月第三周周六举行，如遇重大节日延期。主会场设置在XX学术报告厅（详细地址略），分会场结合实际情况设置。一般情况下，报告会时长为2小时。

四、活动主题

追踪科技纵横，探索创新变革，赋能高端智库（分别对应上文画线部分）。

五、演讲嘉宾

江苏籍或在苏工作的“两院”院士、科技领军人物等。

六、活动对象

根据报告主题，有针对性地邀请省级机关干部、科研院所及省级学会科技工作者、大中小学生等参加，每场约250人。

七、活动安排（根据策划内容改变）

1. 活动内容：2024年拟开展6场活动，分为开幕式（或集中展示）、常规活动、特色活动3种类型。常规活动3场，主要以嘉宾报告会为主，配合开展院士之家参观、院士墙签名、互动提问交流、合影等内容。开幕式（或集中展示）在常规活动的基础上增加启动仪式环节、为授课嘉宾颁发证书、播放视频宣传片、发布主题宣传logo等内容。特色活动2场，可以采取沙龙演说方式开展，结合科技自立自强、赋能高端智库等主题进行科学讨论；可以采用科学8小时不间断前沿科技分享方式，也可以采用长三角地区主报告会场、分报告会场互动连线等多种方式开展。

2. 参与方式：单位组织与个人报名相结合，通过官网或微信公众号预约，凭主办单位回执或预约二维码进场。

3. 活动要求及设计：统一设计标识、海报风格、直播页面、宣传标语、邀请函等，将其发送至各相关单位。主会场固定位置安排桁架2处、活动引导牌若干、横幅1条。每场活动要求预告新闻（海报）1篇（张）、活动新闻通稿1

篇。活动结束后，设计制作 H5 长图页面，增加二维码供公众回看，并将其在网站或宣传平台发布。全年成果形成合集、画刊或各种形式的册子，择机出版。

4. 活动评价：通过现场采访、电子问卷等多种形式对活动进行分类评价，形成项目满意度调查报告。

八、组织保障

成立活动联络小组，由各承办单位分管领导和指定负责人参与，落实分工。活动办公室设在 XX 单位，具体负责活动策划及统筹安排。

1. 专家邀请。与中科院、院士工作站、省级学会、高校科协等部门联系，落实活动期间专家在宁期间接待方案（专家行程安排及接待方案另附）。责任单位：XX 单位。

2. 人员组织。参会领导嘉宾邀请、听众名额分配。责任单位：XX 单位。

3. 会场会务。工作内容涉及嘉宾休息室、报告厅会场布置、横幅、音响多媒体设备、新闻报道、摄影摄像、视频直播等。责任单位：XX 单位。

九、媒体宣传

联系人民网、新华网、《新华日报》、江苏卫视、“学习强国”、科普中国等主流媒体对活动进行宣传报道和视频直播。

十、时序进度

2023 年 12 月上旬：各主办单位确认活动方案，提交预算立项。

2023 年 12 月下旬：召开相关单位联席会议，确定分工。

2024 年 1 月上旬：发放文件。

2024 年 1 月下旬：组织第一次讲坛活动，落实详细活动方案。

……

附件：1. 拟邀请院士及报告题目（略）

2. 预算（略）

方案B是在方案A的基础上进行扩写的版本，特别是“活动背景”中的①②③，将活动组织的意义分层次点题。此刻，读者们是否有了一些新想法？在方案B的基础上，我们继续策划，写了一个面向青少年的院士专家报告活动。

院士专家话科学之“院士课堂”活动方案C

为进一步弘扬科学家精神，营造学科学爱科学的良好氛围，XX科协、XX教育局联合举办“院士课堂”活动。邀请院士与青少年面对面交流，通过“大手拉小手”，教育引导广大中小学生追寻科学家的足迹走近科学，畅想未来，争当强国少年。

一、活动时间

略。

二、活动地点

XX小学报告厅。

三、活动主题

榜样引领成长，强国复兴有我。

四、组织单位

略。

五、活动形式

XX小学为主会场，其他学校分会场同步直播。

六、参加人员

中国工程院院士、雷达专家贲德，南京大学物理学院博士生导师、特聘教授张海军，100位师生代表等。

七、活动内容（时长约 1 小时）

1. 播放 XX 小学特色科学教育宣传片。

2. 聘请院士担任“院士课堂”专家。

3. 赠书仪式：院士、嘉宾向学校赠送科普图书。

4. 少先队员向院士、青年科学家敬献红领巾、献鲜花。

5. 学生节目：演唱歌曲《星梦》，致敬科学家。

6. 张海军教授发言。

7. 贲德院士授课。

八、相关保障

1. 活动推广：网络直播与新闻宣传。（具体方案略）

2. 组织协调：活动方案、嘉宾邀请与会场保障。（具体方案略）

方案 C 是某一次院士专家进校园的具体方案。活动策划的时间是 2022 年 8 月，策划者对嘉宾邀请和互动环节进行了详细的设计。2022 年 5 月 18 日，习近平总书记给南京大学留学归国青年学者回信，希望他们大力弘扬留学报国的光荣传统，以报效国家、服务人民为自觉追求，在坚持立德树人、推动科技自立自强上再创佳绩，在坚定文化自信、讲好中国故事上争做表率。所以，9 月新学期开学的第一课，正是给孩子们讲好科学家故事的良好契机。组织单位诚挚邀请了雷达专家、科普专家、中国科学院贲德院士与孩子们见面。另外一位嘉宾是青年科学家张海军教授，他正是党的十八大以来从海外学成归国到南京大学工作的 120 名青年学者代表之一，这些青年学者赓续穿越百年留学报国的初心。现场，院士与青年科学家和孩子们分享勤于钻研、奋进创新的故事，鼓励孩子们坚定信仰，立大志、成大才，为祖国作贡献。活动引发了热烈的社会反响，《人民日报》以“全域科普　全民共享”为题进行了专访。

04

创新要服务“双减”实际需求

开展青少年科普活动的创新实践，必须围绕校园科普阵地建设展开设计。“双减”政策出台两年来，科学教育得到了空前的重视，社会各界面向青少年群体开展了丰富多彩的科普活动，起到积极的作用，但同时还存在一些不足。我们通过对江苏省超过100所学校的调研发现，学校普遍存在科普资源匮乏、科普活动良莠不齐、“双减”课堂科学含量不足、信息技术应用缺失等问题。所以，针对学校科学类“双减”服务难点，探索出一条发挥“社会大课堂”作用的有效路径才是真正的创新。下面来看我们策划的两个案例。

研发原创课程，实践双循环模式

2019 年，教育部发布了《关于加强和改进中小学实验教学的意见》，提出实验教学是国家课程方案和课程标准规定的重要教学内容，是培养创新人才的重要途径。科学实验课，是培养孩子们科学思维、探索未知兴趣和创新意识的有效载体。近年来，随着信息技术、新传播手段的运用，科普从“单向传播”变为“双向互动”，从“提供—参加”变为“点菜—下单”，丰富多彩的科普活动进校园，受到师生的喜爱。学校在开展“双减”课后服务过程中，优先选择科学类课程。

尽管现在市面上有很多科技类课程，但是现有的科技类课程的辅导材料与实际教学需求仍然有一定差距。比如，传统的小学科学课程或“做中学”一类的配套书籍，普遍存在理论性过强、操作性偏弱的问题，难以满足时下对科技类课程的需求；OM（头脑奥林匹克）和 DI（头脑创新大赛）比赛的课程对学生要求较高，本土化不够；机器人课程成本相对高，学生创意制作少；上海 STEAM 课程要求有一定的投入，缺乏普适性。培生中国等国外课程整包翻译的产品品相很好，但是费用太高。加上出于社会层面参与校园课后服务的单位专业性、科学性高低不一，师资不专业，耗材费用高，辅导成本大，实施项目附加值低等多种原因，这些课程难以持续发展。特别是根据一线教师反馈，现有的大多科技类课程缺少详细的指导教学方案。因此，针对科技竞赛的辅导课程及相关配套产品（如材料包）有很大的市场空间。

江苏省科学传播中心围绕课后服务实践，设计开发了原创的“金钥匙科学工坊”。在科学类课后服务课程设计上，遵循国际化的“STEM+”的教学理念和基本方法，构建符合年龄段不同、地区差异大的学生特点的课程体系，不仅包括项目式的任务驱动学习，还包括特色的主题拓展式学习。促进社会资源和科技资源向实验教学转化，搭建社会资源服务中小学科学教育的大舞台，为科技界服务青少年科技创新人才培养提供平台。[10]

科学与教育密不可分，科学实验是培育小学生形成良好的科学意识、树立科学学习态度、涵养科学精神的重要手段和有效路径。[11]我们开发的科学课堂以科普科幻创意创想、STEM 研究性学习、校园智力竞技对抗为主题，基于国家级高新技术研究机构、教育系统、高校、省级学会、专业场馆等单位的技术支持、优质课程资源，整合学校与前沿科技的基础应用，为学校提供跨界融合“STEM+”的主题课程。协助教师实施国家课程的校本化，同时与学校共建适合校情的校本化特色课程，满足学校“1+X”的实际需求。提供的科普资源包针对一至九年级未成年人科学学习目标。主动对接教育部门、中小学校和一线科学教师的需求，围绕科普科幻、航空航天、双碳、节能环保等主题，已分别开发适合小学低、中、高年级的 3 个主题课程，单个课程不低于 15 课时。课程设计的实践时长远远超过科学课程目标，让学生通过项目化主题协作学习方式，以目标任务为引领，带着问题学，强调团结协作与动手实践。

在我国的课堂教学中，大部分教师仍然以传授科学知识为主，重理论而轻实践，缺少对学生科学方法的训练和科学思维的培养。[12]在设计课程时，将经典科技竞赛赛题转化成普适性项目化学习课程，整合阅读、观察、设计、实践、评价、协作等多种学习方式，重视课程育人，关注认知能力、科学观念、态度责任发展，基于零起点开展任务设计，由易到难，层层递进，搭建进阶模型，关注思维发展。突出实用性，提高学校、学生的实践兴趣，特别要将我们组织青少年科技竞赛的优势发挥出来。我们为小学低年级开发了“你好！海洋”“探索月球”“全能护林员”“点点游记”“嗨！机器人”等 5 个单元科幻画创作学习课程，延伸引导学生参与江苏省中小学生金钥匙科技竞赛低幼年龄段科幻画竞赛；为中高年级分别以“科技工坊”“研究性学习”开发了 8 个单元的模型建构学习课程，引导学生自主获得知识与信息，延伸引导学生参与江苏省“校园之间”智力竞技对抗活动。这种课程设计真正实现了课程即竞赛活动指导、学习即竞赛活动参与、作业即竞赛活动作品的闭环实践，并采用了一定的外部刺激手段以增加学习意义及链接竞赛，受到了江苏省内投放学校的一致好评。

在教育信息化营造的新文化形态下，探索教学方式创生与超越的趋向，是我们自觉思考、亟须回答的问题。[13] 因此，配合课程的开发，我们还搭建了教学网站。该网站符合学生实践学习的规律，改变单纯读本教学，突破传统视听学习效果，更新培养目标，并运用新技术进行转型升级，对教学方式进行了变革，突出探究实践与综合性，即不再强调知识记忆，更多强调科学思维，发展情感态度与价值观。同时，将教学资料、课程检索、教学心得等内容进行实时在线分享。科普资源包有完整的学生手册、教师教学大纲及教学课件（包括但不限于 PPT、动画等）。我们还提供相应的科普课程视频资源，特别邀请了省内知名科学、信息学科特级教师参与课程编制与配套课程视频录制。单个视频时长 3~5 分钟，总量不低于 300 分钟，不少于 60 个，真正实现了“双师课堂”，解决了江苏地区苏南、苏北教育资源差异大的问题。每年为江苏省中小学校提供不少于 800 套课程配套器材套盒（每套器材不少于 4 个主题、20 组配件），配送方面向苏北地区，特别向农村地区倾斜，使得教育资源较为薄弱的县区青少年学生坐在教室里就可以享受一线教学资源，推动教育均衡化、优质化。

提升政治站位，唱响科学家精神主旋律

长期以来，“两院”院士怀着强烈的爱国热情和神圣的历史使命，以求真的科学精神和精深的学术造诣，奋战在科学探索与技术变革的最前沿，为中国科技事业的发展作出了彪炳史册的重大贡献，是国家的财富、人民的骄傲、民

族的光荣。[14] 宣传科学家精神的方式方法很多，做好资源集成就是一种创新方式。我们通过校园巡展、校园文化墙、主题挂图、课后服务课程及专题科普活动等多种形式，引导广大中小学生走近科学家，了解科学家精神，增强科学探索的好奇心，真正崇尚科学、热爱科学，立志为党成才、为国奉献。

为大力弘扬科学家精神，在全社会形成尊重知识、崇尚创新、尊重人才、热爱科学、献身科学的浓厚氛围[15]，我们开展了“大手拉小手　共话强国梦”科学家精神传播。活动邀请“两院”院士、知名科学家走进中小学校，围绕新时代科学家精神活动、科技创新、科学探索、学习与成长等主题，与广大青少年开展对话，分享想法。两年以来，超过 6 位院士、17 位科学家参与其中，他们向青少年学生分享了自己的科研故事、成长经历，为线上、线下的观众带来关于科学家精神的“豪华大餐”。活动通过科普中国、人民网、荔枝新闻等平台在线直播，超过 300 万人次观看。同时，在江苏省中小学校打造“科学家精神专栏”，提供优质数字资源，运用“互联网 +”思维为中小学校提供“科学家精神”电子宣传栏。2023 年 9 月，推出首批“科学家精神”系列挂图（电子版），供全省中小学校下载使用。挂图适合中小学校及科普教育基地等多场景展示，起到很好的教育、科普作用。针对小学高年级、初中学生开展的科学家精神课后服务课程，共计 12 课时，配有大科学装置搭建、科学家故事分享、科学家精神实践基地现场教学等内容，满足完整学期的课后服务。我们计划在 2023—2024 学年在全省 10 所中小学校投放 200 套课程资源包，开展“科学家精神”系列课程试点。讲好科学家的故事，用科学家精神涵养广大青少年的家国情怀。[16]

关注家校领域，科普定向人群

提高农村妇女科学素质是公民科学素质建设的重点和难点。如果活动策划得好，它当然是亮点工程。例如，“小手拉大手”活动（“智爱妈妈”科普关爱乡村行活动），拟针对农村妇女喜闻乐见的话题或者和生活紧密联系的事情，邀请相关的专家举办讲座，同时配送“智妈关爱礼包”，包括印有家庭科普宣传知识的扑克牌（或折扇）2副（把）、家庭急救包1个、农村家庭亲子阅读指导手册1份、可折叠便捷购物袋1个。通过这类活动，农村妇女能够增强关爱自己的意识，掌握孩子教育的重要性及其方法，感受到日新月异的科技发展对生活带来的极大影响，去除迷信思想，平等参与现代化进程，发现自身价值，创造更辉煌的人生。

又如，2021年4月24日是第六个“中国航天日”，以“扬帆起航　逐梦九天”为主题，全国主场活动由国家航天局与江苏省人民政府共同主办。策划方充分考虑青少年群体特点，通过开展不同类型的知识竞赛或科创比赛，助力青少年树立航天梦想。活动采取网上答题形式，赛题涉及古代飞天探索、航天史话、长征火箭家族、应用卫星、载人航天工程、探月工程、火星探测计划、航天热点事件等内容。系统随机从题库中抽取20题组卷，参赛者在5分钟时间内完成作答，每答对一题得10分。结果按得分排名，得分相同时用时较短的排名在前。系统提供错题查看服务，并设置学习区，供参赛者自行学习相关航天知识。竞赛分小学组、中学组，题型为选择题，每天限答5次。排行榜显示每组前100名的选手。由于参与方式便捷、主题鲜明突出，省内众多学校通过家委会，组织广大青少年学生利用课后时间积极参与，收效显著。

再如，为在教育“双减”中做好科学教育加法，丰富青少年寒假学习生活，提升青少年科创思考和动手能力，我们策划了假期科创挑战赛活动。参赛者运用组委会提供的材料制作一个滑道模型，要求滑道内可滑滚小球，小球在轨道内从放置滑滚到完全静止的时间越长，成绩越高。参赛者完成制作后，由家长或教师配合测试并录制测试视频，然后将视频和设计制作思路以压缩包形式上传至指定平台。组委会根据参赛者上传的视频，统一测试小球在轨道内的滑滚时长并进行排名，最后确定获奖名单。活动发布后，受到学生和家长们的高度关注，参赛热情高涨。活动相关推文发布后，仅 10 分钟名额已满，1 小时报名人数超过 400 人。还有“我的科学偶像”短视频演讲征集活动，以线上的形式开展。参与学生可在家长、教师的配合下，围绕“我的科学偶像”主题，自选角度，通过手机、数码相机等电子设备拍摄 1 个演讲短视频，并将其上传至指定平台。活动截止后，主办方邀请 3 位专家按照评分标准对作品进行打分，确定奖项，并公布获奖名单，向获奖者颁发电子证书和奖金。

05

巧用互联网的翅膀飞得更高

习近平总书记在主持中共中央政治局第十二次集体学习时深刻指出：全媒体不断发展，出现了全程媒体、全息媒体、全员媒体、全效媒体，信息无处不在、无所不及、无人不用，导致舆论生态、媒体格局、传播方式发生深刻变化，新闻舆论工作面临新的挑战。全媒体时代下，科普需要顺应技术变革，推陈出新，为公众提供科学、权威、精准、及时、立体、泛在的高质量科普服务。[17] 互联网、大数据时代背景下，传播渠道呈现出多样化、便捷化的发展态势，受众能够随时随地接收信息，这就造成传统媒体信息呈现方式已经无法满足新媒体时代信息传播的需求。[18]

服务科技周、科普日等重大活动需要

首先，我们通过详细介绍上一篇提及的江苏网上科普馆的设计思路，与大家交流“互联网＋科普”思维。疫情期间，科技周、科普日活动的组织工作受到一定影响，大家无法开展大规模的人员聚集活动，所以当时在策划方案时我们认为“互联网＋”是首选。随着现代科学技术的发展，展览馆的展览展示手段也在不断丰富，科普公众产品的服务属性也逐步得到体现。虚拟馆建设可以帮助用户更好地利用新技术，更便捷、更有效地获取科普信息服务。近年来，国家出台的系列科普规划和政策措施都以强化使命导向为前提，新时代科普工作的使命与建设科技强国的使命高度契合。[19] 为推动科普形式创新，突出新技术社会实践，江苏网上科普馆于 2020 年 5 月正式上线，有效服务校园教学。作为国内领先的全虚拟网络科普馆，江苏网上科普馆的展览面积同比实体馆达到 1.05 万平方米。该馆以新媒体平台为依托，运用全景观展技术，采取多媒体互动叠加图文、音视频、3D Max 等形式，720° 全景展示展览现场，生动再现展览全貌。另外，它拥有全景浏览、VR 浏览、场景和热点切换、沙盘导航、分享及留言等多种功能，同时还拥有视频、图片、音频及外链等展示方式，独立开发包括“蛟龙号”在内的 6 个 3D Max 模型。观众可以通过电脑或手机访问展馆，详细了解展览内容，获得全方位、沉浸式、交互性的观展体验，身临其境地感受科技工作者的魅力。江苏网上科普馆开发应用数字信息技术打造的网络虚拟现实空间，让跨地区、跨时区的展示、交流成为现实，填补了江苏省科学文化传播领域虚拟场馆的空白。从科普类有声产品的意义、特点及现状出发，出版机构可借助“众筹思维”，实现用户深度参与，以了解用户需求[20]，不断积累资源形成合力，主动以优质内容充实产品。江苏网上科普馆重点宣传展示了江苏科普成果、科技人物、科技成就，为公众提供具有科学性、知识性、趣味性、互动性的科普文化服务。进一步加大网络优质科普资源供给，丰富科普作品的形态和传播渠道，将有效帮助公众在深度体验和互动中持续提升自身的科学素质。[21] 自上线以来，江苏网上科普馆逐渐成了科普资源库的另一种形态，不断积累数字资料，成为面向青少年“永不关门”的科普馆。同时，通过各官方微信公众号平台进行宣传推广，开展青少年游云端科普馆征文活动，收效显著。

又如，镇江市科协着力打造的数字信息化农业专项科普宣传平台——镇江网上草莓科普馆，是国内唯一的线上草莓科普馆。镇江网上草莓科普馆集合了草莓起源、草莓种植和病虫害防治、草莓运输和储存、草莓衍生产品、草莓产业链等科普知识，采用动画、视频、图片、文字方式展示各种草莓科普知识。[22] 再如，2022 年，黄山市开展全国科普日活动，相关人员认真策划、创新形式，通过举办神奇的化学表演、科学闯关游戏、公共安全主题科普临展、火星探测器创客活动和专家科普讲座等活动，并在线上平台开设“云上科普”，满足全市不同市民群体的参与需求。线上与线下结合、市直和区县联动的方式，打通了科普惠民“最后一公里”。[23]

用人工智能等新技术实现创新

人工智能（AI）的时代不是将要到来，而是已经到来。如果此刻的你还对人工智能一无所知、有所排斥，或者没有把它成功地应用在日常办公当中，那就真有点不符合科普工作者的“人设”了。培养人工智能人才要从义务教育阶段抓起，逐步培养学生学习人工智能的兴趣，帮助其了解人工智能的基础知识和技能，为他们今后深入学习人工智能技术或从事人工智能领域相关工作奠定基础。在小学课后服务期间开展人工智能科普教育实践，旨在满足学生个性化学习需要的同时，培养学生学习人工智能的兴趣，促进他们人工智能素养的提升。[24] 2024年两会期间，教育部部长怀进鹏表示，未来将致力于培养一批具备数字素养的教师，把人工智能技术深入教育教学和管理全过程、全环节，让青年一代更加主动地学。《中国科技教育》杂志对青少年人工智能应用进行了跟踪报道。人工智能很快会成为继计算机、互联网、开源硬件与物联网之后最重要的青少年学习和工作的助手之一，融合了人工智能技术的科技创新活动呼之欲出。这里有一个有趣的现象：为了营造仪式感，一些大型活动往往会租用一些启动仪式专用道具，如几位嘉宾同时用手按下某个金属球。在这样的启动仪式中，与会者的参与度不够，看多了就觉得无趣。如何设计一个有人工智能味的启动道具，用于人工智能相关的校园活动中呢？上海人工智能实验室研究员王海涛设计了一个有趣的人工智能启动道具。他先制作了一个启动仪式的视频，然后用 Python 控制视频的播放进度。在播放过程中，用训练好的模型检测参与人员是否做出点赞的手势，并实时呈现进度和点赞嘉宾的形象。等进度条到达100%时，开始播放整个仪式视频。这一道具的核心硬件是电脑和摄像头，学生都能参与开发，是一个很好的人工智能科技创新主题。[25]

例如，上海科学节活动的AI元素满满。“科学红毯秀”是每年上海科技节的重磅节目，组委会邀请了老、中、青三代科技工作者共走科学红毯秀，充分展示了科技的进步离不开一代又一代科技工作者的前赴后继。除了“一老一小”——院士和科创青少年外，组委会还邀请了一批与科技发展密切相关但又不常露面的群体代表——常年默默无闻埋头做实验的科技工作者。为了让青少年爱上科技，组织单位引入科技圈最火热、最新潮的生成式人工智能（AIGC）。开幕式上发布的科技节主题曲将是一首由AI生成的歌曲，歌词来自当天网友通过视频直播输入的对科技节的心愿。另外，所有科技节宣传海报也均出自AI之手。邀请如学物理不刷题的“科普达人”吴姥姥等“科普网红”前来“打卡”，扩大活动效果。[26]

又如，《科学大众》杂志社“融合共享”为创新理念推动跨界合作，加强与各类型数字化技术开发公司合作，运用增强现实技术（AR），将纸质杂志转化为可以4D互动体验的版本，让读者体验更真实、更生动且信息更全面的数字读物。此外，还在“4D魔镜”“4D童话绘本”“4D认知卡”“小小创客家”等领域进行了深入融合开发。同时，在青少年科技类竞赛中引入AR功能。参与者利用“小小创客家——我要做书”功能，设计研究性学习题（小学组：昆虫世界真奇妙；初中组：趣味化学小实验；高中组：文明过马路，城市小卫士），通过文字、视频、照片记录下研究全过程，然后上传，制作一本专属的4D图书。这些做法旨在逐步引领孩子改变传统的学习及阅读方式，让孩子在玩中学习新知，打造现实与虚拟融合的“魔法世界”，激发孩子的创造灵感。

善于利用“科普网红”放大活动效应

利用“互联网+”思路创新青少年科普活动策划，这可以体现在内容组织、宣传推广、传播渠道的方方面面。在全国科普日江苏主场活动期间，首届江苏省青少年科创教育成果博览会正式启动，展示近年来江苏青少年科技创新教育取得的成果。尽管组织时间短，任务要求高，策划单位坚定信心，在创意阶段时很快定下了“1+N”的布展设计思路，以江苏青少年科创成果展为主体，同时安排科创教育成果展区、科学阅读区、科学体验区、科普秀舞台区、生命奥秘科普展区、科技竞赛区、科学家精神宣传区七大展区。活动采取场馆展览、网上展览、现场互动3种形式，让孩子们充分参与、动手实践、学有所得。整个展览共有文字说明11万多字、学校及个人作品展板235张（包含1410张图片资料）、科创作品（科技作品及科技模型）202 件、视频 61 个。科学阅读区展出科普报刊、图书 5100 多册；生命奥秘科普展区展出图片展板 31 张、实物（含小型动物标本）47 件；科学体验区提供互动项目 105 项、探究实验套盒 240 多个、科学艺术展图片 40 幅；科技竞赛区开展体验活动 6 项；科普秀舞台区举办科普讲座及创意展示 15 场。全场合计展项超过 7300 件，共吸引参展观众超过 1.8 万人。同时，采用 720° VR 全景拍摄技术，建设了“青少年科创教育成果厅”专题展，打造永不落幕的江苏省青少年科创教育成果展。本届博览会充分反映了江苏近年来在青少年科技教育方面的工作成效，宣传展示了江苏在以科学教育综合示范学校、科普教育基地、科学家精神教育基地等为代表的阵地建设，以青少年科技创新大赛、中小学生金钥匙科技竞赛、青少年科技模型大赛、中小学信息技术创新与实践大赛等为代表的品牌科技活动，以青少年科技创新培源奖、中学生英才计划、创新后备人才培养计划等为代表的青少年科创人才培育行动上取得的丰硕成果。

野外科考达人郝夏宁老师的《观鸟与探索自然》，南京大学陈鹏飞老师的《是谁首次发现太阳系外行星？》，青少年学生的《恐龙迅游》《时光穿梭机》创意表演，南京理工大学创客空间团队的《用人工智能来绘画》智能体验秀，南京守望自然科普中心联合创始人张燕宁老师（莫比老师）的《我们生活在长江》等系列讲座或表演大受欢迎，大批没有预约上的青少年席地而坐，感受科学带来的快乐。据统计，通过官方小程序预约参观的人数超过 1.45 万人，团队预约超过 16 个，累计超过 1.8 万人参加了现场活动。很多现场科学体验项目的线上预约名额都是“秒光”，孩子们排队参加各类科学体验活动，往往到了闭馆时间还流连忘返。大量观众通过自媒体形式主动对外发布活动信息。活动期间举办“小小科普员带你逛青少年科博会”打卡分享活动，自媒体端发送“# 江苏省青少年科博会 # 全国科普日”话题小视频超过千个，观看量超过 23 万人次。

在网络宣传方面，本届博览会吸引了大批主流媒体的关注，他们在展前、展中、展后都做了大量宣传报道。光明网、科普中国、人民网江苏频道以及中国江苏网、“学习强国”江苏学习平台、江苏文明网、苏科直播、苏科家园、少年志等平台开展网络直播活动共计 13 场。据统计，活动期间，有 540 多万人次点击观看了各平台的直播活动；共有 40 家平面媒体进行了图文报道，《新华日报》做了专版宣传，《人民日报》客户端的《首届江苏省青少年科创教育成果博览会举行》单篇文字报道阅读量超过 13 万人次。

用策划电视节目思维做科普

一档传播效果好的影视节目必定能够共情，做科普活动也是一样。随着互联网媒介的广泛传播，很多电视台都在寻求变化，在科普领域下了一些功夫。我们常合作的广电频道包括优漫卡通、教育频道、城市频道等，电视人的思路总给我们科普活动策划带来启发，衍生了不少成功的案例，如“诗词里的科学”青少年网络挑战赛、“校园之间”智力竞技活动等。

“校园之间”智力竞技活动定位为益智、竞技、娱乐类智力比赛，以培养学生创新实践、团结协作能力为出发点，面向对象为 8~15 岁青少年。活动以学校为单位，每个代表队由 1 名教师、3 名学生组成。活动围绕社会科技热点问题，结合青少年科技竞赛，采用闯关形式，以及海选、淘汰和复活赛的形式，更加贴近学生日常生活。2007 年，首届“快乐科学”校园电视对抗赛（后更名为“校园之间”智力竞技活动）在南京试点举行，一共有 34 所小学参加。当时，南京电视台少儿频道全程录制，收视率很高。2008 年，活动开始全省推广，至今已经成功举办 15 届，吸引上千所小学参加。活动的比赛材料都是生活中随处可见的，因此学校都很乐意把此项活动转为当地开展科技节的比赛内容。我们也将活动的宣传推广平台从市台升级到了江苏卫视优漫卡通频道，让录制视频分多时段在电视上实现周期播出，早期作为《聪明大发现》栏目的重要科学体验“出镜”。节目生动有趣，获得较高的收视份额。

策划科普活动时，可以尝试用电视人的思路去创新。例如，每月打造一期“科学媒体素养课程”暨科学家与媒体见面会。为了激发和鼓励人们更多地运用数字媒体来分享科学信息、表达观点、参与活动，科普机构与高校、社会科学家和新闻记者合作，开展素养课程。培养科学媒体的潜在受众，向公众传授“参与性受众”的必备技巧和能力。邀请专家从自己的专业领域出发进行讲解，讲解主题可能是一个新研究，或者一个大家都关心的热点问题或话题，比如互联网犯罪危机、科学饮食、科学传播、生命演化、物理学与技术、可持续发展与环境、海洋与水资源、天文学、天气和气候、生物多样性与保护、科学健康、电影与科学等。专家采用短演讲的方式阐述主题，记者互动提问。另外，与微博“大 V”、微信公众号“大咖”共同合作，利用新媒体进行宣传发布，为每年 12 月举办的“科学盛典”造势。

又如，设计《科学智多星》直播节目。在各类科学素养大赛的基础上，参考“百万英雄”“芝士超人”“冲顶大会”等答题模式，设置“科学智多星”挑战赛。参赛者在线直播答题，每次共有 12 道题，每道题的答题时间为 10 秒，全对的可以瓜分每场奖金，还可以设置青少年专场。在互联网上热议的直播答题存在的缺点是题目娱乐化、低俗化，诗词及学科类知识稍有涉猎，但题目设计缺乏科学性。如果由科普专业机构出品，既可保障题目的科学性，又能引导参赛者获取科学知识、方法与思维。

再如，可以做一档有深度的科普节目——《科学宝藏》。与电视台、学校共建品牌，打造一档适合青少年及其家长的大型科普互动类节目。联合江苏省科协所属学会、省科普场馆协会等多单位，深挖省内有趣好玩的科普场馆（可以是知晓度不高、平时难以体验的场馆）10 个，每个做 1 期节目。邀请电视台明星主持人（知名演员）串场，策划科学探险或体验类比赛。每场采访 1~2 位相关领域专家，体现科技梦、强国梦等元素，凸显科学家情怀，正面积极引导受众。活动模式即“明星主持—青少年体验科学比赛—科学家解释科学原理—说一个科学情怀故事”。每期节目还可以附赠科技场所体验说明，让公众通过分享二维码链接参与线下体验，并给公众推荐神秘且有趣的亲子互动项目，以引发社会关注。

能力只有在需要能力的活动中才得以培养，素养只有在需要素养的活动中才得以形成。[27] 青少年科普活动的创新要求组织单位统筹利用社会优质科学教育资源，通过科普讲座、科学实验、科技创作、创客活动、研学实践等方式不断创新活动内容，引导支持有兴趣的青少年长期、深入、系统地开展科学探究与实验。在开放的市场经济环境里，在各级科普组织百花齐放、百家争鸣的形势中，现在的科普人就像在大雨中行走，现实不允许他们拿着伞悠然自得，不允许轻易为取得的成绩沾沾自喜。我们必须丢掉手中的伞，顶着压力，冒着风雨，奔跑前行，因为科普人的不屈不挠，因为祖国科普事业发展强有力的召唤，因为科普人的梦想就在前方。

参考文献

[1] 翟翠霞，王越婷，张俊清．强化科技创新主体科普供给：理论依据与政策思路[J]. 科普研究，2022，17（6）：32-41+109-110.

[2] 付方明．融媒体时代科普期刊的发展策略探究[J]. 传媒论坛，2020，3（5）：85+87.

[3] 陈郑伟，何善亮．科技人文融合创新教育实践路径探析：以全国青少年科技创新大赛十佳优秀科技实践活动为例[J]. 中国科技教育，2023（7）：62-64.

[4] 刘成璐，尹章池．大众传媒科技传播能力评价体系的构建[J]. 今传媒，2012，20（4）：107-108.

[5] 王亚男，俞敏，刘德生．科技期刊与大众媒体的融合发展[J]. 科技与出版，2017（5）：21-25.

[6] 彭婕．新媒体时代科普期刊发展方向的几点思考[J]. 传播与版权，2017（9）：42-44.

[7] 郭沁，徐枫，黄宝忠．从相加到相融：中国学术期刊全媒体融合发展进程[J]. 科技与出版，2018（5）：6-12.

[8] 周国清，唐永亮．新媒体环境下的编辑把关论[J]. 中国编辑，2019（10）：49-54.

[9] 焦健，张红培．新媒体时代我国科技期刊研究的现状分析：基于 CNKI 论文数据库[J]. 科技传播，2020，12（21）：59-61.

[10] 周丽，郑永和，裴新宁，等．如何补齐科学教育中的“实验”短板？[J]．教育家，2023（1）：17.

[11] 郑淑姬．小学科学实验有效教学实践探索[J]. 天津教育，2022（8）：98.

[12] 严晓梅，裴新宁，郑永和．我国科学教育发展问题的思考与建议[J]. 科学与社会，2018，8（3）：14.

[13] 冯永华．教育信息化促进教学方式变革[J]. 教育研究，2017，38（3）：115.

[14] 王丽娜，陈广仁．科技期刊承担社会责任与提升影响力的创新路径：《科技导报》创设《卷首语》栏目的实践及成效[J]. 编辑学报，2023，35（4）：439.

[15] 陈光．科学家精神的基本蕴涵[J]. 南京理工大学学报（社会科学版），2023，36（4）：14.

[16] 赵加军．用科学家精神涵养青少年的家国情怀[J]. 华人时刊（校长），2023（8）：10.

[17] 王挺．全媒体时代科普的守正创新[J]. 科普研究，2022，17（3）：1-2.

[18] 王跟萍．大数据背景下传统媒体与新媒体融合发展战略探讨[J]. 中国传媒科技，2022（2）：69.

[19] 叶琴．新时代科普工作在建设科技强国中的使命[J]. 科技中国，2022（10）：88.

[20] 王欣，王洪涛 . 科普类有声产品出版运营创新研究 [J]. 中国出版，2022 (20)：56.
[21] 冯华 . 打通科学普及"最后一公里" [N]. 人民日报，2023-09-04 (19) .
[22] 镇江科协 . 有趣的镇江网上草莓科普馆你看了吗？ [EB/OL].[2023-11-08]. https://mp.weixin.qq.com/s/HzoZqUlwGCGZwTpebrYKdA.
[23] 路萍 . 大型科普活动的创新探索与实践：以黄山市全国科普日活动为例 [J]. 科技视界，2023 (3)：18-22.
[24] 李哲 . 人工智能科普资源与小学课后服务融合的设计与实践 [D]. 石家庄：河北师范大学，2023.
[25] 谢作如 . 当人工智能遇上青少年科技创新活动 [J]. 中国科技教育，2023 (4)：10-16.
[26] 沈湫莎 . 最具 AI 感的上海科技节下周六开幕，六大板块 1500 多场活动引爆申城科技热度 [N/OL]. 文汇报，2023-05-13.https://www.sohu.com/a/675188104_120244154.
[27] 余文森，龙安邦 . 论义务教育新课程标准的教育学意义 [J]. 课程 · 教材 · 教法，2022 (6)：9.

第四篇

如何
做好活动评价

01 相关管理规定越发严格具体

02 活动预算制定显真功夫

03 绩效考核贯彻活动始终

04 决算量化评价见真章

FOUR

绩效评价是科普活动策划与实施的重要内容。十年前，如果主办单位在科普活动开展后能发放一张意见反馈表，那已经算是绩效评价意识遥遥领先了。如今的绩效评价必须贯彻活动策划至结束过程始终。本篇将从相关规定、活动预算、绩效考核、决算评价等方面逐一进行介绍。

01

相关管理规定越发严格具体

这里表达一个我长期坚持的观点：科普应当是各级政府组织的公益行为。科普工作的意义是显而易见的。《全民科学素质行动规划纲要（2021—2035年）》指出："提升科学素质，对于公民树立科学的世界观和方法论，对于增强国家自主创新能力和文化软实力、建设社会主义现代化强国，具有十分重要的意义。"这就充分说明了科普工作在提升全民科学素质、促进科技创新和推动社会整体发展上具有举足轻重的地位。同时，该文件从组织保障、机制保障、条件保障三个方面对组织实施工作提出具体要求。特别是在条件保障的经费投入里，要求"各有关部门统筹考虑和落实科普经费。各级政府按规定安排经费支持科普事业发展。大力提倡个人、企业、社会组织等社会力量采取设立科普基金、资助科普项目等方式为科学素质建设投入资金"。从中不难看出两点：一是作为公共服务的重要组成部分，科普工作应当由各级政府负责组织和实施，特别在经费支持上；二是个人和社会组织的力量是"提倡"而非必要。我们身处的时代正在发生重大变革，伴随着全民科学素质的提升，只有越来越多的社会公众能够充分理解并积极面对科技发展带来的挑战与机遇，才能激发社会创新活动，才能形成合力去解决关键“卡脖子”难题，才能促进经济、生态等多领域可持续发展，才能走向一个科技发达、社会进步的美好未来。诚如纲要文件要求那般，各级政府应将科普工作纳入公共服务的规划中，加大投入力度，以满足公众需求为导向，提供有针对性的科普服务，制定和完善相关政策法规，鼓励和引导社会各界参与科普活动。

既然科普由政府主导，经费由政府支出，那么经费管理工作更应当高标准、严要求。实在、准确、合理地使用好科普专项经费，才能放大资金效果，取得更好的科普成效。制定严格的科普经费管理制度，确保资金使用的规范性和效率。一是在科普项目申报阶段，必须对项目整体进行严格审核，确保项目的精准实用。明确科普目标、科学实施方案和合理预算的项目是获得经费支持的基本要求。同时，加大对申报单位的考察力度，也是确保单位具备实施项目的能力和条件的前提。二是在经费使用过程中实施全过程监控。根据项目预期，对项目进度、资金使用情况进行定期检查，防止资金滥用。三是在项目结束后，组织相关领域专家对项目效果进行评估。同时，根据现有的规定要求，评估结果将作为今后项目申报和经费分配的重要依据。对于不符合规定的行为，政府依法依规进行处理，确保资金安全。

下面，我们来集体学习国家和地方相关规定。文中仅摘录了相关文件的部分条款（重点关注画线部分），建议自行下载全文进行学习。请各位读者准备好一支笔，建议圈阅下述内容，以加深理解，便于今后更好地开展工作。

文件一

中华人民共和国预算法
（2018 年 12 月第二次修订版）

第十二条（部分） 各级预算应当遵循统筹兼顾、勤俭节约、量力而行、讲求绩效和收支平衡的原则。

第十三条 经人民代表大会批准的预算，非经法定程序，不得调整。各级政府、各部门、各单位的支出必须以经批准的预算为依据，未列入预算的不得支出。

第十四条（部分） 各级政府、各部门、各单位应当将政府采购的情况及时向社会公开。

第四十二条（部分） 各级政府上一年预算的结转资金，应当在下一年用于结转项目的支出；连续两年未用完的结转资金，应当作为结余资金管理。

第六十八条 在预算执行中，各级政府一般不制定新的增加财政收入或者支出的政策和措施，也不制定减少财政收入的政策和措施；必须作出并需要进行预算调整的，应当在预算调整方案中作出安排。

第七十二条（部分） 各部门、各单位的预算支出应当按照预算科目执行。

第七十五条（部分） 决算草案应当与预算相对应，按预算数、调整预算数、决算数分别列出。

文件二

项目支出绩效评价管理办法
（财预［2020］10号）

第四条（部分） 绩效评价分为单位自评、部门评价和财政评价三种方式。单位自评是指预算部门组织部门本级和所属单位对预算批复的项目绩效目标完成情况进行自我评价。

第十三条（部分） 单位自评指标是指预算批复时确定的绩效指标，包括项目的产出数量、质量、时效、成本，以及经济效益、社会效益、生态效益、可持续影响、服务对象满意度等。

单位自评指标的权重由各单位根据项目实际情况确定。原则上预算执行率和一级指标权重统一设置为：预算执行率10%、产出指标50%、效益指标30%、服务对象满意度指标10%。

文件三

江苏省省级财政专项资金管理办法
（2020年版，江苏省人民政府令第138号）

第六条 专项资金应当按照法律、法规、规章或者省有关规定设立，符合公共财政投入方向，重点满足政府提供公共产品和公共服务的需求。

不得重复设立绩效目标相近或者资金用途类似的专项资金。

第十六条 专项资金应当专款专用，量入为出，注重发挥引导和杠杆作用。

第二十四条 任何单位和个人不得擅自变更资金用途、项目计划和内容。确需变更的，应当经原审批部门批准。

第二十七条 财政部门应当及时清理盘活专项资金的结转结余资金。

省本级专项资金结转1年以上、省对市县专项转移支付资金在市县财政尚未分配并结转2年以上的，收回省级总预算。国家和省另有规定的除外。

文件四

江苏省省级项目支出绩效评价管理办法
（苏财规〔2020〕20号）

第十一条 财政评价的内容主要包括：

（一）项目决策情况；

（二）资金管理和使用情况；

（三）相关管理制度办法的健全性及执行情况；

（四）实现的产出及其管理和应用情况；

（五）取得的效益情况；

（六）其他相关内容。

第十二条（部分） 部门（单位）自评侧重反映项目的产出和效益，指标的权重由各部门（单位）根据项目实际情况确定。原则上项目产出、效益类权重占比不低于60%。如有特殊情况，指标权重可做适当调整。二、三级指标应当根据指标重要程度、项目实施阶段等因素综合确定，准确反映项目的产出和效益。

第十三条（部分） 指标内涵应当明确、具体、可衡量，数据及佐证资料应当易采集、可验证。

文件五

江苏省宣传文化发展专项资金管理办法
（苏财规［2021］6号）

第四条 专项资金的使用和管理坚持把社会效益放在首位，重点保障省级、兼顾市县；奖补结合、严格监管；专款专用、注重绩效的原则。

第七条（部分） 专项资金按照“职责明确、相互配合、各司其职、共同负责”的要求，在项目申报、审定、执行、监督、评估等环节做到职责分明、责任清晰。

第八条（部分） 省委宣传部的主要职责：回收省直项目承担单位未按规定使用和闲置沉淀的专项资金。

第九条（部分） 省财政厅的主要职责：组织开展预算绩效管理工作；对专项资金政策执行情况进行监督。

第十二条 专项资金使用单位是项目实施和资金管理的责任主体，主要责任：根据相关规定组织项目申报，对申报项目资料的完整性、真实性、可行性、合法性负责；组织项目实施，依据相关管理制度和法律法规加强实施管理，负责对项目的日常监管；应遵守国家财政、财务规章制度和财经纪律，严格执行财务规章制度和会计核算办法，严格执行财政资金使用票据销账制度，确保资金专款专用、单独核算；认真做好项目的结算、决算、绩效评价等工作，主动接受宣传、财政部门等对项目实施及资金管理情况的监管；法律法规规章等规定的其他职责。

第十三条（部分） 专项资金分配采取项目法，实行项目申报制。

第十四条（部分） 项目申报材料按照省委宣传部的要求执行。项目申报材料主要包括：申报单位基本情况、项目建设内容、实施进度、资金预计支出明细、已完成项目资金决算、项目绩效目标等。

第十六条 专项资金纳入预算管理，并按照国库集中支付管理有关规定执行。属于政府采购的项目，应当按照政府采购相关规定执行。

第十七条 专项资金在执行过程中因特殊原因需要变更时，项目单位需上报并经省委宣传部、省财政厅同意，方可调整。

第十九条（部分） 建立专项资金项目结项制度。资金使用单位在项目实施结束后，应及时组织项目决算，自决算完成之日起 1 个月内向省委宣传部申请项目结项；

第二十一条 省委宣传部和省财政厅应当加强专项资金预算绩效管理，建立绩效评估、绩效目标、绩效运行监控、绩效评价和绩效管理成果应用等全过程预算绩效管理体系。

各位读者，您在科普活动组织中是否按照以上规定严格执行？国家及省级层面的管理范式也同样适用各级地方政府和部门。上至百万元，下至千元，只要是科普活动费用，都必须按照公共经费使用管理的各项规定做好相关台账。综上所述，不难看出，开展科普活动的过程中能争取到并使用好各级财政专项资金十分不易。

02

活动预算制定显真功夫

科普工作者此刻要大声疾呼：科普工作要求真高啊，必须“文武双全”才能应对活动的实施开展。编制活动预算的工作十分考验人，需要做到心中有数、手里有价、下笔如神。心中有数，即对该项活动开展的全盘规划做到详细掌握，涉及的方方面面无所遗漏。预算做得好，表明对该项工作有较高的熟练度。通常，首次做预算时会显得经验不足，如有疏漏也是很常见的现象。“无他，唯手熟耳。”手里有价，即对每项开支的明细单价市场行情及弹性区间基本掌握，对常规的住房标准、车辆标准、会议单天核准价格等都应当烂熟于心。前面篇章也提及，省、市都有相关的价格查询平台，在此不再赘述。除非一些特殊商品，通常采用市场比价的方式进行采购。采购前也需要提前做好查询工作，一般将市场比价（3 家及以上）中价格稍高的标准写入预算，以免陷入被动。下笔如神，即按类别分算后核算，尽量做到详细且符合真实情况。核算时注意要复算至少 1 次，避免发生单项过多而计算失误，造成最终金额错误。

这里一定要强调的是，预算工作复杂但难度并不大。合格的科普工作者必须养成自我检查的良好习惯，不要将预算的最终核对权委托或者说寄希望于财务人员或者下一个流程的工作人员。提交材料前，确保在自我能力范围内做到准确，这点很重要。细心是活动成功的关键，体现在执行的方方面面，特别对于费用问题，不可马虎。我提供一个小经验：通常我们对于重要内容，会通过朗读的方式去发现问题，因为很多时候只用眼睛看可能会有所忽略。

材料一

下文摘自《财政部关于印发〈中央和国家机关工作人员赴地方差旅住宿费标准明细表〉的通知》（财行［2016］71号）。

中央和国家机关工作人员赴地方差旅住宿费标准明细表

单位：元/人·天

地区（城市）		住宿费标准			旺季地区	旺季浮动标准			
		部级	司局级	其他人员		旺季期间	旺季上浮价		
							部级	司局级	其他人员
北京	全市	1100	650	500					
天津	6个中心城区、滨海新区、东丽区、西青区、津南区、北辰区、武清区、宝坻区、静海区、蓟县	800	480	380					
	宁河区	600	350	320					
河北	石家庄市、张家口市、秦皇岛市、廊坊市、承德市、保定市	800	450	350	张家口市	7—9月、11—3月	1200	675	525
					秦皇岛市	7—8月	1200	680	500
					承德市	7—9月	1000	580	580
	其他地区	800	450	310					
山西	太原市、大同市、晋城市	800	480	350					
	临汾市	800	480	330					
	阳泉市、长治市、晋中市	800	480	310					
	其他地区	800	400	240					

（续表）

地区（城市）		住宿费标准			旺季地区	旺季浮动标准			
		部级	司局级	其他人员		旺季期间	旺季上浮价		
							部级	司局级	其他人员
内蒙古	呼和浩特市	800	460	350					
	其他地区	800	460	320	海拉尔区、满洲里市、阿尔山市	7—9月	1200	690	480
					二连浩特市	7—9月	1000	580	400
					额济纳旗	9—10月	1200	690	480
辽宁	沈阳市	800	480	350					
	其他地区	800	480	330					
大连	全市	800	490	350	全市	7—9月	960	590	420
吉林	长春市、吉林市、延边州、长白山管理区	800	450	350	吉林市、延边州、长白山管理区	7—9月	960	540	420
	其他地区	750	400	300					
黑龙江	哈尔滨市	800	450	350	哈尔滨市	7—9月	960	540	420
	其他地区	750	450	300	牡丹江市、伊春市、大兴安岭地区、黑河市、佳木斯市	6—8月	900	540	360
上海	全市	1100	600	500					
江苏	南京市、苏州市、无锡市、常州市、镇江市	900	490	380					
	其他地区	900	490	360					
浙江	杭州市	900	500	400					
	其他地区	800	490	340					
宁波	全市	800	450	350					
安徽	全省	800	460	350					
福建	福州市、泉州市、平潭综合实验区	900	480	380					
	其他地区	900	480	350					
厦门	全市	900	500	400					
江西	全省	800	470	350					
山东	济南市、淄博市、枣庄市、东营市、烟台市、潍坊市、济宁市、泰安市、威海市、日照市	800	480	380	烟台市、威海市、日照市	7—9月	960	570	450
	其他地区	800	460	360					

（续表）

地区（城市）		住宿费标准			旺季地区	旺季浮动标准			
						旺季期间	旺季上浮价		
		部级	司局级	其他人员			部级	司局级	其他人员
青岛	全市	800	490	380	全市	7—9月	960	590	450
河南	郑州市	900	480	380					
	其他地区	800	480	330	洛阳市	4—5月上旬	1200	720	500
湖北	武汉市	800	480	350					
	其他地区	800	480	320					
湖南	长沙市	800	450	350					
	其他地区	800	450	330					
广东	广州市、珠海市、佛山市、东莞市、中山市、江门市	900	550	450					
	其他地区	850	530	420					
深圳	全市	900	550	450					
广西	南宁市	800	470	350					
	其他地区	800	470	330	桂林市、北海市	1—2月、7—9月	1040	610	430
海南	海口市、三沙市、儋州市、五指山市、文昌市、琼海市、万宁市、东方市、定安县、屯昌县、澄迈县、临高县、白沙县、昌江县、乐东县、陵水县、保亭县、琼中县、洋浦开发区	800	500	350	海口市、文昌市、澄迈县	11—2月	1040	650	450
					琼海市、万宁市、陵水县、保亭县	11—3月	1040	650	450
	三亚市	1000	600	400	三亚市	10—4月	1200	720	480
重庆	9个中心城区、北部新区	800	480	370					
	其他地区	770	450	300					
四川	成都市	900	470	370					
	阿坝州、甘孜州	800	430	330					
	绵阳市、乐山市、雅安市	800	430	320					
	宜宾市	800	430	300					
	凉山州	750	430	330					
	德阳市、遂宁市、巴中市	750	430	310					
	其他地区	750	430	300					
贵州	贵阳市	800	470	370					
	其他地区	750	450	300					
云南	昆明市、大理州、丽江市、迪庆州、西双版纳州	900	480	380					
	其他地区	900	480	330					

（续表）

地区（城市）		住宿费标准			旺季地区	旺季浮动标准			
						旺季期间	旺季上浮价		
		部级	司局级	其他人员			部级	司局级	其他人员
西藏	拉萨市	800	500	350	拉萨市	6—9月	1200	750	530
	其他地区	500	400	300	其他地区	6—9月	800	500	350
陕西	西安市	800	460	350					
	榆林市、延安市	680	350	300					
	杨凌区	680	320	260					
	咸阳市、宝鸡市	600	320	260					
	渭南市、韩城市	600	300	260					
	其他地区	600	300	230					
甘肃	兰州市	800	470	350					
	其他地区	700	450	310					
青海	西宁市	800	500	350	西宁市	6—9月	1200	750	530
	玉树州、果洛州	600	350	300	玉树州	5—9月	900	525	450
	海北州、黄南州	600	350	250	海北州、黄南州	5—9月	900	525	375
	海东市、海南州	600	300	250	海东市、海南州	5—9月	900	450	375
	海西州	600	300	200	海西州	5—9月	900	450	300
宁夏	银川市	800	470	350					
	其他地区	800	430	330					
新疆	乌鲁木齐市	800	480	350					
	石河子市、克拉玛依市、昌吉州、伊犁州、阿勒泰地区、博州、吐鲁番市、哈密市、巴州、和田地区	800	480	340					
	克州	800	480	320					
	喀什地区	780	480	300					
	阿克苏地区	700	450	300					
	塔城地区	700	400	300					

材料二

根据《关于印发〈中央和国家机关会议费管理办法〉的通知》（财行［2016］214号）规定，通常情况下，省、市级召开的科普对口会议或活动，一般参考三、四类会议标准。下文摘录了相关要求，涉及预算编制。

中央和国家机关会议费管理办法

第六条（部分） 中央和国家机关会议分类如下：

（一类、二类会议相关内容略，下同。）

三类会议。是党中央和国务院各部委、各直属机构，最高人民法院，最高人民检察院，各人民团体及其所属内设机构召开的，要求省、自治区、直辖市、计划单列市有关厅（局）或本系统机构有关人员参加的会议。

四类会议。是指除上述一、二、三类会议以外的其他业务性会议，包括小型研讨会、座谈会、评审会等。

第九条（部分） 各单位应当严格控制会议规模。

三类会议参会人员不得超过150人，其中，工作人员控制在会议代表人数的10%以内。

四类会议参会人员视内容而定，一般不得超过50人。

第十五条（部分） 会议费开支实行综合定额控制，各项费用之间可以调剂使用。

会议费综合定额标准如下：

单位：元/人天

会议类别	住宿费	伙食费	其他费用	合计
三、四类会议	340	130	80	550

综合定额标准是会议费开支的上限。各单位应在综合定额标准以内结算报销。

第二十七条 严禁各单位借会议名义组织会餐或安排宴请；严禁套取会议费设立“小金库”；严禁在会议费中列支公务接待费。

各单位应严格执行会议用房标准，不得安排高档套房；会议用餐严格控制菜品种类、数量和份量，安排自助餐，严禁提供高档菜肴，不安排宴请，不上烟酒；会议会场一律不摆花草，不制作背景板，不提供水果。

不得使用会议费购置电脑、复印机、打印机、传真机等固定资产以及开支与本次会议无关的其他费用；不得组织会议代表旅游和与会议无关的参观；严禁组织高消费娱乐、健身活动；严禁以任何名义发放纪念品；不得额外配发洗漱用品。

材料三

《江苏省省级机关会议管理补充规定》（苏财行［2014］55号）要求，会议应当在会议定点场所（全国各地招标确定）或单位内部会场举办。定点场所名单可在“党政机关会议定点场所管理信息系统”（http://meeting.mof.gov.cn）中查询。另外，会议费用报销时，除会议审批文件、预决算、会议通知、参会人员签到名单、会议服务单位提供的费用原始明细单据等资料，还需要附会议定点场所通过“党政机关会议定点场所管理信息系统”打印的电子结算单（如下）。

党政机关会议定点场所电子结算单

结算单编号：201512147533669

发票号：123456

会议定点场所基本信息	
会议定点场所名称	财政部定点场所一
发票开具单位名称	财政部定点场所一
是否单位或系统内部会议场所	否
地址	北京市西城区三里河南三巷
填单人	李四
联系电话	010-68553117

会议信息			
隶属关系代码	000000	隶属关系名称	中央部门
会议单位预算代码	000		
会议单位名称	会议单位		
会议名称	系统建设会议		
报到日期	2015-12-02	撤离日期	2015-12-05
会议单位联系人	张三	联系电话	010-68553117
会议人数（人）	40	会议天数（天）	3.0
其中：正式代表	30	会议类别	三类会议
工作人员	10		

费用信息（元）			
住宿费	10000.00	伙食费	10000.00
会议室租金	30000.00	交通费	1000.00
文件印刷费	600.00	医药费	500.00
其他	0.00		
总计	52100.00		

会议定点场所盖章：　　　　　　　　　　会议单位联系人签字确认：

材料四

常见费用标准（特殊需求除外）

项目名称	费用标准	补充说明
讲课劳务（科普命题或承担评委工作可参考）	副高级技术职称及以下专业人员每学时最高不超过500元，正高级技术职称专业人员每学时最高不超过1000元，院士、全国知名专家每学时一般不超过1500元。讲课费按实际发生的学时计算，每半天最多按4学时计算。	《中央和国家机关培训费管理办法》（财行〔2016〕540号）
视频编辑及拍摄	编辑100~2000元/分钟，拍摄专题片1万~2万元/分钟	市场议价
一般答题系统搭建	常规研发5~10万元，服务器建设1万~2万元	市场议价
会议PPT制作	500~3000元/60页以内	根据实际要求
省级平台网络直播	2万~5万元/场（2小时以内），含摄像机、直播转播平台设备	借用第三方开源软件平台价格略低
主持稿等脚本撰写	200~500元/千字	
省级主流媒体资源宣传投放	3000~60000元/篇	根据版面内容和平台价值计算
外请专家出差交通费用	省内按500元/人预计，包括往返。	
餐饮标准	桌餐10人/桌，500~800元/人；自助餐80~120元/人。	采用自助餐需达到酒店开餐人数

材料五

常见科普活动预算类别

类别	一级名称	二级名称	标准模块
通用类	食宿费	住宿费	人数 ×Y 元 / 人，特殊情况略，是否含早餐
		餐饮费	正餐 X 顿，人数 ×Y 元 / 人
	车辆租赁费		标准参考见上文
	宣传费（组织费）	采访费	根据实际情况
		宣传视频制作	标准参考见上文
		新闻媒体报道	
		网络直播	
		电视节目录制	根据实际情况，省台 20 万~40 万元 / 场不等
		组织发动、区域推广	根据实际情况
	活动现场舞美费	场地租赁	一般按市场行情计算，剧场、会议室规格不同，价格也不一样
		舞台布置	根据实际情况
		电子大屏及音像设备租赁	
	劳务费	现场工作人员劳务	标准参考见上文
		主持人劳务	
		评委专家劳务	
	培训费	场地租赁（含多媒体）	
		专家劳务	
	绩效评价费	市场调研费	电话访谈、座谈交流、问卷调查等方式
		制订绩效方案和计划	根据实际情况
	其他	快递费	
		材料费	
		耗材费	
		办公用品费	

（续表）

类别	一级名称	二级名称	标准模块
专业类	赛题编制费	命题费	标准参考见上文
		审题费	
	赛具费	科普演示道具费	根据实际情况编写
		答题用具费	答题板、纸笔、试卷印刷
	答题系统费	研发费及赛题灌装	标准参考见上文
		服务器租借	
		可视化答题器	市场价
		主题界面设计	一口价，根据需要
		现场技术服务	X元/人/天 ×Y人 ×Z天
	活动奖励	奖金	根据实际情况编写
		奖品及证书（含互动）	
	其他耗材	竞赛材料包（含竞赛手册、秩序册、证件）	
		视频制作	
		桁架背景墙	
	科普资源开发	科普视频及动画创作	
		科普挂图及漫画创作	
		科普电子书版权合作	
		科普图文、音频创作	
		校对费用	
	大型展览活动	场地费（包括空调用电、安保、消防检测、会议室、标准展位、物流货运、仓储存放、贵宾室、广告、餐饮、宽带、绿植租用等）	一般大型展览会选择正规展览会场，可以一站式解决系列问题
		物料制作及搭建（包括展区整体设计搭建施工、宣传印刷品等）	根据实际情况编写
		组织与服务保障（包括策划展览、整合资源、大型活动设计、邀请海内外团队、展览授权内容购买、器材购买、设备租赁、人员保险、劳务费、食宿费、文创产品开发、宣传片制作、宣传推广、车辆租赁、饮用水等）	

以上都是一些活动中常见预算会涉及的标准和分类，仅供工作参考，部分价格按照江苏地区物价水平计算。如果是新项目，初次编制预算时会对可能发生的项目情况并不完全了解，建议在预算的最后加上“其他”这一类，按照前列总和的 15% 左右添加。例如，您已经把可能发生的项目品类都编制完毕统计后，该项目费用为 30 万元，那么建议您添加“其他”这一类，费用为 4.5 万元，合计预算增加至 34.5 万元。这里需要注意的是，虽说是预算，但并不表示越多越好，要根据实际情况编写，不可毫无事实根据地猜测估计，特别是“其他”这一类，预算尽量控制在前列总和的 15% 以内。前文我已经介绍过，真正好的预算就是决算，预算 100% 的执行率是最理想的，超支或者剩余都应当被视为此项绩效考核不达标。

编制好预算后，应当根据单位实际管理要求进行预算申报批准流程，尽量避免活动已经开始，甚至已经结束再补交预算，这样也达不到预算编制的实际意义。在活动开展过程中，如果发生特殊情况，导致某部分费用明确超过初始预算，则应当尽快根据相关规定提交过程性预算申请，仍然按照申报批准流程进行。预算的制订过程实际也是在脑海中进行一番活动预演。相信通过不断地积累经验，“小白”也能很快掌握其中的方法。上文也多次提到，各级财政专项经费的管理要求越发严格，预算的制订往往与整体绩效考评相关联。因此，大家面对此项工作时一定要高度重视，慎之又慎，相信团队的力量，有条件的情况下，也可引入专业人员力量参与编制过程。此外，建议科普活动组织者所在单位根据专项资金情况、预算情况，针对单类科普活动项目进行独立列支，便于项目管理。

03

绩效考核 贯彻活动始终

效益评价是对项目实施所产生的经济效益、社会效益、生态效益、可持续影响指标等进行评估。通过对项目效益的评价，可以直观地反映项目对各方面产生的影响。绩效考核工作是有相关规定的，本节的第一部分就摘录了国家、省级的相关文件要求。下面，我们通过 3 份资料来系统学习一下。

参考表（资料）

下文摘自《财政部关于印发〈项目支出绩效评价管理办法〉的通知》（财预［2020］10 号）。

项目支出绩效自评表

（　　年度）

项目名称								
主管部门					实施单位			
项目资金（万元）			年初预算数	全年预算数	全年执行数	分值	执行率	得分
		年度资金总额				10		
		其中：当年财政拨款				—		—
		上年结转资金				—		—
		其他资金				—		—
年度总体目标	预期目标				实际完成情况			
绩效指标	一级指标	二级指标	三级指标	年度指标值	实际完成值	分值	得分	偏差原因分析及改进措施
	产出指标	数量指标	指标 1：					
			指标 2：					
			……					
		质量指标	指标 1：					
			指标 2：					
			……					
		时效指标	指标 1：					
			指标 2：					
			……					
		成本指标	指标 1：					
			指标 2：					
			……					
	效益指标	经济效益指标	指标 1：					
			指标 2：					
			……					
		社会效益指标	指标 1：					
			指标 2：					
			……					
		生态效益指标	指标 1：					
			指标 2：					
			……					
		可持续影响指标	指标 1：					
			指标 2：					
			……					
	满意度指标	服务对象满意度指标	指标 1：					
			指标 2：					
			……					
总分						100		

项目支出绩效评价指标体系框架（参考）

一级指标	二级指标	三级指标	指标解释	指标说明
决策	项目立项	立项依据充分性	项目立项是否符合法律法规、相关政策、发展规划以及部门职责，用以反映和考核项目立项依据情况。	评价要点： ①项目立项是否符合国家法律法规、国民经济发展规划和相关政策； ②项目立项是否符合行业发展规划和政策要求； ③项目立项是否与部门职责范围相符，属于部门履职所需； ④项目是否属于公共财政支持范围，是否符合中央、地方事权支出责任划分原则； ⑤项目是否与相关部门同类项目或部门内部相关项目重复。
		立项程序规范性	项目申请、设立过程是否符合相关要求，用以反映和考核项目立项的规范情况。	评价要点： ①项目是否按照规定的程序申请设立； ②审批文件、材料是否符合相关要求； ③事前是否已经过必要的可行性研究、专家论证、风险评估、绩效评估、集体决策。
	绩效目标	绩效目标合理性	项目所设定的绩效目标是否依据充分，是否符合客观实际，用以反映和考核项目绩效目标与项目实施的相符情况。	评价要点： （如未设定预算绩效目标，也可考核其他工作任务目标） ①项目是否有绩效目标； ②项目绩效目标与实际工作内容是否具有相关性； ③项目预期产出效益和效果是否符合正常的业绩水平； ④是否与预算确定的项目投资额或资金量相匹配。
		绩效指标明确性	依据绩效目标设定的绩效指标是否清晰、细化、可衡量等，用以反映和考核项目绩效目标的明细化情况。	评价要点： ①是否将项目绩效目标细化分解为具体的绩效指标； ②是否通过清晰、可衡量的指标值予以体现； ③是否与项目目标任务数或计划数相对应。
	资金投入	预算编制科学性	项目预算编制是否经过科学论证、有明确标准，资金额度与年度目标是否相适应，用以反映和考核项目预算编制的科学性、合理性情况。	评价要点： ①预算编制是否经过科学论证； ②预算内容与项目内容是否匹配； ③预算额度测算依据是否充分，是否按照标准编制； ④预算确定的项目投资额或资金量是否与工作任务相匹配。
		资金分配合理性	项目预算资金分配是否有测算依据，与补助单位或地方实际是否相适应，用以反映和考核项目预算资金分配的科学性、合理性情况。	评价要点： ①预算资金分配依据是否充分； ②资金分配额度是否合理，与项目单位或地方实际是否相适应。

（续表）

一级指标	二级指标	三级指标	指标解释	指标说明
过程	资金管理	资金到位率	实际到位资金与预算资金的比率，用以反映和考核资金落实情况对项目实施的总体保障程度。	资金到位率 =（实际到位资金 / 预算资金）×100%。 实际到位资金：一定时期（本年度或项目期）内落实到具体项目的资金。 预算资金：一定时期（本年度或项目期）内预算安排到具体项目的资金。
		预算执行率	项目预算资金是否按照计划执行，用以反映或考核项目预算执行情况。	预算执行率 =（实际支出资金 / 实际到位资金）×100%。 实际支出资金：一定时期（本年度或项目期）内项目实际拨付的资金。
		资金使用合规性	项目资金使用是否符合相关的财务管理制度规定，用以反映和考核项目资金的规范运行情况。	评价要点： ①是否符合国家财经法规和财务管理制度以及有关专项资金管理办法的规定； ②资金的拨付是否有完整的审批程序和手续； ③是否符合项目预算批复或合同规定的用途； ④是否存在截留、挤占、挪用、虚列支出等情况。
	组织实施	管理制度健全性	项目实施单位的财务和业务管理制度是否健全，用以反映和考核财务和业务管理制度对项目顺利实施的保障情况。	评价要点： ①是否已制定或具有相应的财务和业务管理制度； ②财务和业务管理制度是否合法、合规、完整。
		制度执行有效性	项目实施是否符合相关管理规定，用以反映和考核相关管理制度的有效执行情况。	评价要点： ①是否遵守相关法律法规和相关管理规定； ②项目调整及支出调整手续是否完备； ③项目合同书、验收报告、技术鉴定等资料是否齐全并及时归档； ④项目实施的人员条件、场地设备、信息支撑等是否落实到位。
产出	产出数量	实际完成率	项目实施的实际产出数与计划产出数的比率，用以反映和考核项目产出数量目标的实现程度。	实际完成率 =（实际产出数 / 计划产出数）×100%。 实际产出数：一定时期（本年度或项目期）内项目实际产出的产品或提供的服务数量。 计划产出数：项目绩效目标确定的在一定时期（本年度或项目期）内计划产出的产品或提供的服务数量。
	产出质量	质量达标率	项目完成的质量达标产出数与实际产出数的比率，用以反映和考核项目产出质量目标的实现程度。	质量达标率 =（质量达标产出数 / 实际产出数）×100%。 质量达标产出数：一定时期（本年度或项目期）内实际达到既定质量标准的产品或服务数量。既定质量标准是指项目实施单位设立绩效目标时依据计划标准、行业标准、历史标准或其他标准而设定的绩效指标值。
	产出时效	完成及时性	项目实际完成时间与计划完成时间的比较，用以反映和考核项目产出时效目标的实现程度。	实际完成时间：项目实施单位完成该项目实际所耗用的时间。 计划完成时间：按照项目实施计划或相关规定完成该项目所需的时间。
	产出成本	成本节约率	完成项目计划工作目标的实际节约成本与计划成本的比率，用以反映和考核项目的成本节约程度。	成本节约率 =［（计划成本 − 实际成本）/ 计划成本］×100%。 实际成本：项目实施单位如期、保质、保量完成既定工作目标实际所耗费的支出。 计划成本：项目实施单位为完成工作目标计划安排的支出，一般以项目预算为参考。

（续表）

一级指标	二级指标	三级指标	指标解释	指标说明
效益	项目效益	实施效益	项目实施所产生的效益。	项目实施所产生的社会效益、经济效益、生态效益、可持续影响等。可根据项目实际情况有选择地设置和细化。
		满意度	社会公众或服务对象对项目实施效果的满意程度。	社会公众或服务对象是指因该项目实施而受到影响的部门（单位）、群体或个人。一般采取社会调查的方式。

项目支出绩效评价报告

（参考提纲）

一、基本情况

（一）项目概况。包括项目背景、主要内容及实施情况、资金投入和使用情况等。

（二）项目绩效目标。包括总体目标和阶段性目标。

二、绩效评价工作开展情况

（一）绩效评价目的、对象和范围。

（二）绩效评价原则、评价指标体系（附表说明）、评价方法、评价标准等。

（三）绩效评价工作过程。

三、综合评价情况及评价结论（附相关评分表）

四、绩效评价指标分析

（一）项目决策情况。

（二）项目过程情况。

（三）项目产出情况。

（四）项目效益情况。

五、主要经验及做法、存在的问题及原因分析

六、有关建议

七、其他需要说明的问题

不难看出，文件当中提供的资料十分详尽，对绩效考评的整个过程进行了系统阐述。相信读者们初次看到时会跟我当初的感觉一样，对有些部分尚不能完全理解，又认为有些模块过于复杂。但是，通过多年实践后，我逐渐发现，参考上述资料进行模块化编写，逻辑性较强且不易疏漏。好记性不如烂笔头。建议大家可以把这几页标注出来，用贴纸标签做上记号，经常拿出来翻阅、圈阅，反复阅读，结合实际工作进行使用。在阅读的顺序方面，建议大家可以先反复阅读第二份资料（表 2），理解其中的一、二、三级指标，然后对应第一份资料（表 1）当中的具体编制内容，就会对考核更加清晰。表 1 涉及分值编制和具体指标填写，这些都需要在对表 2 充分掌握后才能更好操作。特别要强调，在编制表 1 时，请注意前文文件提到的“原则上项目产出、效益类权重占比不低于 60%”。如有特殊情况，可对指标权重作适当调整，切不可随意编制，毕竟起步错了，后面进行的决算工作就会变得很麻烦。在充分理解表 1、2 的情况下，最终撰写绩效评价报告。绩效评价报告的模板条目较多，实际使用时可以结合具体情况进行调整，可多可少，篇幅不限，但是可以完全参照基本的大纲逻辑。

这里需要补充两点。第一是必须有佐证材料支撑绩效评价报告。例如，项目实施所产生的社会效益、经济效益及受众满意度等都需要有证明材料。活动当中涉及的新闻宣传、网络直播等，特别是有数据显示的内容、物资发放的记录，都要留下佐证照片。建议科普活动组织者建立云端数据档案，将活动文件、照片、视频、各板块工作计划、经费预算及决算、新闻报道、满意度调查表、设计文件、印刷文件、重要财务发票、招投标文件等相关内容进行分类归档，方便随时调取。第二是主动撰写活动绩效评价报告，养成善始善终的习惯，因为及时总结与反思活动过程是提高活动实践能力的良好方式。在撰写报告的过程中应查漏补缺，及时发现问题，这样可以对突然到来的各类检查做到从容不迫。

这里不得不提依靠新技术实现绩效评价的优势。“大鹏一日同风起，扶摇直上九万里。”2024 年春节联欢晚会上，动画人物“李白”与观众们一同吟诗的画面至今仍让人难以忘怀。这背后，光学运动捕捉系统功不可没，它为手机端 AR 场景中“李白”的动画表演提供了精准的动作数据支持，确保了动画的流畅与逼真。此外，人工智能领域在 2024 年的春天迎来了一项重大突破。OpenAI（一家位于美国旧金山的人工智能研究公司）发布了首个文生视频模型 Sora，这一技术将文字转化为视频，使普通人也能轻松制作出流畅且高质量的视频。在科技不断发展的时代，虚拟制作、扩展现实、人工智能以及增强现实等科技手段让科幻走向现实。

这是一个充满机遇的时代，一个能让科普人实现梦想、创造无限可能的黄金时期。科普工作者的时间是很宝贵的，不应无效地、重复地把时间花在各种检查而疲于奔命之中，而是应将更多的精力放在活动创新、活动实践中。我相信，不久的将来，在更多科技辅助手段的帮助下，科普活动全流程绩效评价模块化可得以实现，更多标准性活动场景被人工智能分析、解码、生成及润色，绩效评价也越发合理、便捷。

注意事项

注意赠送物品，如果用专项经费购买书籍开展免费赠阅活动，请在书籍封面或其内页中印上“免费赠阅”等字样。

04

决算量化评价见真章

很多人会忽略“决算”这个绩效评价的重要组成部分，总觉得有了预算，之后进行相关报销手续即可，没有必要再逐一核对预算与最终支出的差距。实际上，决算的过程不仅仅是财务数据上的分析，更是对开展过程中的人、财、物及成本控制等多方面进行的总结分析。

首先，当然是财务数据分析，主要包括项目预算执行情况、资金使用效率、成本使用程度等方面，它是一个至关重要的内容。这里还是要强调一点：通过对财务数据的分析比对，可以直观地看出项目实施过程中的经济效益，特别是看看能否实现理想的预决算一致性。例如，项目预算执行情况可以充分反映项目实际花费与预算计划之间的差距，显示预算执行过程中出现的问题，如预算超支、预算不足等，从而提醒活动组织者采取相应的措施进行调整。又如，资金使用效率同样也是一个重要的分析指标。提高资金使用率一直是长期影响项目完美执行的重要内容。经费使用得当，也就意味着项目规划合理。再如成本使用程度。成本是项目实施过程中不可或缺的组成部分，包括直接成本、间接成本和隐性成本等。重点要强调的是，财务数据分析不是为了“挑刺”“找茬”，更多是为了帮助我们提高项目管理水平，实现预、决算的一致性。我多次表示，预、决算的一致性是指项目实际花费与预算计划之间紧密契合。只有当预、决算一致时，才能说项目管理在财务方面是成功的。

此刻要敲敲黑板！看到这里，不知道读者还记不记得在撰写预算部分，我曾建议增加占前列总和 15% 的“其他”类别？在决算时，我们可以观察这部分弹性空间的使用率，以便更好地应对项目实施过程中可能出现的各种不确定性，从而提高预算编制的准确性。先说财务数据分析，是因为经费使用在项目管理中具有举足轻重的地位。

其次是人财物的配置情况和成本控制分析。通过对资源利用情况的评价，可以了解活动在资源管理方面的优势和不足，为今后活动的改进提供依据。而成本控制分析是对项目实施过程中的成本支出进行监控和评价，以确保活动在预算范围内完成。成本控制分析主要包括成本节约程度、成本偏差原因分析等方面。成本节约程度，顾名思义即在满足功能需要的前提下，用更少的成本去撬动更多的资源，这个很容易理解。造成成本偏差的原因有很多，例如前期的预估值偏低，对行情不了解，导致超支。突然新增加的功能要求、理解的认知差距也是造成预算编制成本偏差的原因，还有人工费、材料费、设备费等涨落。

再次是满意度评价，主要针对项目实施过程中的服务对象和社会公众进行调查。在我们常见的科普活动中，受众通常是青少年，有时可以延伸至学校、教师及家长，因此可以分门别类地了解他们对项目实施效果的满意程度。满意度评价可以反映项目在受众需求、过程性评价、服务质量等方面的表现。在进行满意度评价时，可以采用多种方式收集数据，如问卷调查（纸质或是手机端问卷均可，现在更多通过手机小程序链接方式分享问卷）、面对面访谈、电话访问等。此外，还可以通过线上平台收集受众的反馈意见，如社交媒体、官方网站等。值得一提的是，在收集数据的过程中，要确保样本的广泛性和代表性，以获得更为准确的评价结果。而在满意度评价中，需要关注以下五个方面：一是受众对科普活动的内容、形式、互动体验的满意度；二是受众对活动场地、设施、氛围营造的满意度；三是受众对活动讲解人员（专家）、组织者、志愿者等服务质量的满意度；四是受众对活动成果和收获（包括科学知识、科学方法、科学精神及科学思想）的满意度；五是科普活动在社会公众中的影响力，可以通过收集媒体报道和网络舆情（抖音、小红书等平台）等方面的信息来实现。除此之外，还可以通过大数据分析，了解活动参与者传播和推广科普知识的情况，以评估项目在提高青少年科学素养方面的成效。

最后是决算结果的应用。项目管理有多个环节，包括项目设计、项目决策、项目执行、项目监督等。通过决算结果的应用，可以不断提高项目管理水平和实施效果。就如同实践与理论之间永恒的循环关系，理论指导实践，实践形成新的理论，循环往复，决算结果的充分应用也是如此。

决算量化评价是对项目实施过程进行全面、深入的剖析，有助于活动组织者了解项目实施过程中的优点和不足。作为评估科普活动项目的重要手段，决算这一重要内容可以依据评价结果进行持续改进，以期实现科普活动的蓬勃发展。在实际操作中，应注重绩效评价指标体系的构建，确保评价的公正性和客观性。同时，充分利用现代科技手段，如人工智能、大数据等，提高绩效评价的效率和准确性。在这个过程中，科普工作者们需要不断学习、创新，掌握新技术，提升自身能力。只有这样，我们才能迎接未来的挑战，策划出更具影响力的科普活动。

这里，我想和读者强调的是，绩效评价并不是目的，而是手段。任何建议的最终目标是提高科普活动的品质，让更多的青少年能够从中受益。科普活动的有效实践不仅能启发创新思维，更是青少年生活中最简单却也最珍贵的乐趣所在。只有将绩效评价与实际工作相结合，才能真正实现这一目标。孩子们沉浸在探索知识的兴奋和成就感中，那些难忘的经历和喜悦的成果，正是他们成长道路上的最美脚印。

结 语 CONCLUSION

十余年来，在以习近平同志为核心的党中央坚强领导下，在全国科技界和广大科技工作者的共同努力下，我国科技事业发生了历史性、整体性、格局性重大变化，成功进入创新型国家行列。但是，我们也要深刻地认识到，我国科技创新发展突破发达国家技术封锁，还需要一代又一代人的不懈努力！关注科技热点与前沿技术的读者，应该经常会在各类媒体上看到或者听到芯片产业发展的新闻。芯片是什么？芯片是电子产品的“心脏”，是国家的“工业粮食”。芯片广泛用于通信设备、电脑、汽车电子、医疗仪器等各种电子产品和系统，是高端制造业的核心基石。目前，我国的高端芯片仍非常缺乏，不少高端制造技术、设计、先进材料等都掌握在少数发达国家手中。我们以前可以通过购买芯片解决短缺问题，但西方国家不断实施科技制裁和封锁，在芯片源头上禁止荷兰光刻机出口中国，禁止台积电为华为代工芯片……为了解决好高端芯片“卡脖子”问题，我国的科学家们不忘“科技报国”的初心，勇攀高峰，使高端芯片技术有了突破性进展，在全球供应链中彰显中国力量!

我们身处江苏省这片充满活力的土地上，正致力于打造具有全球影响力的产业科技创新中心，围绕人工智能、高端装备等领域进行重点突破，攻克关键核心技术，推动科技自立自强。

科普事业迎来了最好的发展时期。坚定不移以习近平新时代中国特色社会主义思想为指导，以社会主义核心价值观为引领，以高质量科普助力科技自立自强。所有科普工作者理当趁势而上，共同努力，在全社会营造尊重科学、崇尚创新的良好氛围中，培育更多具备科学家潜质、愿意献身科学研究事业的青少年群体。科技兴则国兴，少年强则国强。青少年的科学素质水平，在一定程度上已经成为社会进步、经济发展、国际竞争力提高的关键因素之一。少年是国家的未来和希望，科技事业有着无穷的魅力。让我们共同努力，启迪少年儿童的科学智力，为推动我国科普事业的发展贡献自己的一份力量。

后 记 POSTSCRIPT

预算应该怎么编制？活动如何才能创新？组织过程百密总有一疏？一提到活动策划与实施，有人抓耳挠腮，有人大吐苦水。活动策划时的绞尽脑汁、实施过程中的如履薄冰与成功举办的欢欣喜悦常年萦绕在我和团队的心头。在面对服务对象——青少年及其家庭、科技辅导员老师、科普基地工作人员、各地科协科普工作者时，我们深感责任重大。如何能最大限度地调动服务对象的参与积极性，是衡量一个活动好坏的标准。

最近几年，有不少机会和科普从业人员进行交流，大家会好奇我们团队为什么365天如同打了“鸡血”一般保持着创新与实践，而且看上去还“神采奕奕”。对此，我常常用冯唐老师的一句话来描述我的心态，即“不着急、不害怕、不要脸”。

“不着急”并不是真的不急。科普工作有一个特点，就是往往很多时候工作来得很着急，可能按照中国科协、省级科协或是全民科学素质纲要办公室成员单位的一些文件要求，需要迅速集结人马，并在规定的时间、规定的地点依据规定的主题，完成某一类专项的科普任务。每当这种时候，反而不能急。这种不着急的心态是需要长期保持的。活动不分大小，无论是 1000 人的活动还是 100 人的活动，需要的基本流程和要素几乎是一致的。只有保持清醒的头脑，按照既定步骤，逐步理清各个板块，将任务落实到每个人，才能保证活动的圆满成功。

“不害怕”是一种自我鼓励。很多人说，你们做科普工作的，都和卫生、环境宣传一样，一顿吆喝，敢指挥任何一个人，哪里会害怕！不，我们经常会害怕。这种害怕往往是对工作负责的一种体现，因为科普活动大多是“无中生有”的创作过程。从业人员在对个人专业能力的提升、对组织行为的把控和对社会资源的协调等方面会持自我怀疑态度，特别是刚刚从事科普工作的“新兵”，这种害怕是极为正常的，也是难能可贵的。

“不要脸”这点最关键，也是我工作多年的至上法宝。很多次，我会觉得某项工作的组织推动已经走到了尽头，就像拳头打在棉花墙上，使了很大力气也毫无反馈。我的满腔热情经常被无限消耗在各级各领域联合发文单位的各种流程与协调上，仿佛回到了高考查分的前夜，既期盼那个电话可以打通，又担心结果是不满意的。很多次，我信心满满地把千头万绪的工作都安排妥当后，突然被通知有某一个重大变化。怎么办？站起来去洗把脸，对着镜子里的自己笑一笑，从头再来呗。只要内心认定了我的所有努力都是为了工作，为了孩子们，再难协调的事情，都可以“不要脸”。这里必须补充的是，就在数日前，有位曾经交流过的同行突然给我发了消息，说她把我讲的这9个字储存在了自己手机里，时常拿出来看一看。我感动的同时，有点心疼——看来，人家也遇到麻烦事了。

问渠那得清如许？为有源头活水来。中国科学院戎嘉余院士答应为这本书写序，我特别感动。他问我：为青少年科普活动服务多年的初心是什么？是什么让我和小伙伴们可以创新打造一个又一个品牌？是什么让我们打心底里愿意夜以继日地工作？我一下子被问住了。我也悄悄问了身边的人：我们至今能保持年度20个大项、100个小项的工作量是为了什么？我得到最多的答案是，因为我。科普人是热情的、有感染力的，他们在肯定我的同时，陪伴着我一次又一次地去“从头开始”。由此，我也找到了答案——初心是热爱，对科普工作的热爱。这让我特别幸福地从事着科普工作，觉得一切太美好了。而我们整理一点活动组织经验、一些活动参考方案并将其编辑出版成书，是希望能为刚刚走上科普工作岗位的青年人提供一点工作思路，将我们的热情通过文字的力量传播出去，吸引越来越多的社会公众参与到青少年科普这份事业中来，齐心协力，为青少年的全面成长保驾护航。

本书撰写过程中得到了很多领导、专家和同事的帮助。感谢贲德院士、戎嘉余院士、祝世宁院士、方成院士、都有为院士、曹福亮院士长期以来对我们科普工作的全力支持。贲德院士对青少年科普这项工作倾注了大量心血，身体力行，不求名利，无私奉献的精神时刻感召着我。戎嘉余院士为本书作序，几番修改，考虑全面，言辞谦虚，让我深刻领略到老一辈科学家治学严谨、奖掖后学之风范。祝世宁院士风趣幽默，极具学者风范，喜欢在孩子们中间，不喜欢站在聚光灯下。他望着孩子们，眼睛里散发着睿智且慈爱的光芒，让人难以忘怀。感谢江苏省科学传播中心夏军主任如灯塔般指引着我成长航行的方向，常年坚定信任、宽厚包容，给予我前行的勇气。感谢蔡峰主任亦师亦友的悉心关怀。感谢郭琦教授、诸东涛教授、郝京华教授、钟琦研究员、张志敏研究员、卢新祁老师、单道华老师、冯毅老师、杨健老师、季荣臻老师、陈有志老师、夏子玫老师、冯凌老师、朱颖霞老师、张晨老师、吴宁博士、刁铮人老师、潘璐老师的无私帮助。感谢我最亲爱的小伙伴们无条件地支持我，他们是谢飞、程信、吕朝琪、陈建祥、周宜、夏平平、董思涵、卢咏晨、李聪、余仟淳。还有为本书的顺利出版付出辛劳的俞朋老师、陆艳老师、刘国颖老师。书中案例的提供单位及相关负责同志，在此一并感谢。